Muhammad Yahya Khan

As bactérias promotoras do crescimento das plantas aliviam o stress do crómio no trigo

Muhammad Yahya Khan

As bactérias promotoras do crescimento das plantas aliviam o stress do crómio no trigo

Estudo do efeito de bactérias promotoras do crescimento das plantas (PGPB) no crescimento e rendimento do trigo em solo contaminado com crómio

ScienciaScripts

Imprint

Cover image: www.ingimage.com

This book is a translation from the original published under ISBN 978-3-659-63924-1.

Publisher:
Sciencia Scripts
is a trademark of
Dodo Books Indian Ocean Ltd. and OmniScriptum S.R.L publishing group

120 High Road, East Finchley, London, N2 9ED, United Kingdom
Str. Armeneasca 28/1, office 1, Chisinau MD-2012, Republic of Moldova, Europe
Printed at: see last page
ISBN: 978-620-8-12614-8

Índice:

RESUMO

A poluição por metais pesados é um dos principais condicionalismos ambientais, com efeitos nocivos na saúde humana e na agricultura. O crómio (Cr) é um dos metais pesados que está presente em vários estados de oxidação, mas o Cr(III) e o Cr(VI) são mais estáveis. O Cr(VI) é mais solúvel e tóxico do que o Cr(III). A concentração mais elevada de Cr(VI) na zona radicular das plantas pode afetar muitos processos fisiológicos e, consequentemente, inibir o crescimento das plantas. As rizobactérias promotoras do crescimento das plantas (PGPR) podem facilitar o crescimento e o desenvolvimento das plantas em solos contaminados com metais pesados. As PGPR podem melhorar a saúde das plantas em solos contaminados, bem como converter Cr(VI) em Cr(III). Assim, a associação de micróbios com plantas em solos contaminados pode melhorar a saúde das plantas. Neste estudo, foram isoladas várias estirpes de bactérias através da técnica de enriquecimento para selecionar as PGPR mais eficientes capazes de trabalhar em condições de stress de crómio. Os isolados selecionados foram utilizados para a inoculação de sementes de trigo. As sementes inoculadas foram semeadas em vasos contaminados com Cr(VI) (20 mg kg^{-1}), tendo sido aplicados os fertilizantes NPK recomendados a 120-100-60 kg ha^{-1} . Os resultados mostraram que o Cr(VI) diminuiu significativamente o crescimento e o desenvolvimento das plantas. No entanto, a inoculação com isolados de rizobactérias tolerantes ao Cr(VI) melhorou o comprimento dos rebentos (3 vezes), o peso fresco dos rebentos (26,38 vezes), o peso seco do forno dos rebentos (27,19 vezes), o peso fresco da raiz (6,9 vezes) e o peso seco do forno da raiz (7,7 vezes) em comparação com plantas não inoculadas cultivadas em vasos contaminados. A concentração de Cr(VI) foi maior nas raízes do que nos rebentos das plantas. A inoculação diminuiu a absorção e a translocação de Cr(VI) do solo para a parte aérea da planta. A concentração de Cr(VI) foi até 36% menor nas raízes e 60% menor nos rebentos em comparação com plantas não inoculadas cultivadas em vasos contaminados. Os isolados de rizobactérias em associação com o trigo também diminuíram (62%) os teores de Cr(VI) no solo.

Capítulo 1

Introdução

Os metais pesados são os elementos com uma densidade superior a 5 g/cm^3 , um peso atómico de 63,546 a 200,590 e uma gravidade específica superior a 4,0 (Duffus, 2002). A contaminação por metais pesados está a aumentar de proporção de dia para dia devido à industrialização em todo o mundo, causando problemas de saúde significativos e efeitos tóxicos na biodiversidade vegetal e microbiana (Denton, 2007). Um certo número de fontes antropogénicas, como o processamento mineiro, a galvanoplastia, a preservação da madeira, a produção de ferro e aço, o fabrico de pigmentos, as fundições, a indústria de centrais eléctricas, a produção e aplicação de pesticidas contendo metais, estão a levar ao aumento dos teores de metais pesados no solo para além dos níveis naturais (Aksoy, 2008). No Paquistão, os principais contribuintes para a poluição da água são as indústrias petroquímicas, de papel e pasta de papel, de transformação de alimentos, curtumes, refinarias, têxteis e açucareira (WWF, 2007). Estas águas residuais industriais não tratadas são eliminadas nos recursos hídricos e amplamente utilizadas para irrigação. Os metais pesados presentes nos efluentes industriais são depositados no perfil do solo, conduzindo a uma contaminação metálica a longo prazo. As plantas cultivadas em solo contaminado ou irrigadas com água impura acumulam teores de metais, o que resulta em atraso no crescimento das plantas devido a alterações nos processos bioquímicos, como a inibição da atividade enzimática, a penetração de proteínas e a nutrição prejudicada, *etc.* (Arun at al., 2005) e são uma grande fonte de exposição a metais pesados para os animais e o homem (Ward e Savage, 1994). Os metais pesados são poluentes altamente persistentes e dificilmente evitáveis, em contraste com as contaminações orgânicas, e não podem ser biológica ou quimicamente degradados, podendo apenas ser desactivados. A desativação pode consistir na desintoxicação e/ou imobilização no solo ou na remoção dos locais contaminados e a sua concentração pode ser aumentada por bioacumulação. Têm efeitos tóxicos a baixas concentrações (Hussain et al., 2006)

O crómio (Cr), um dos metais pesados, é um poluente ambiental e os seus compostos estão muito difundidos devido à sua aplicação em muitas indústrias diferentes, incluindo a metalúrgica, a galvanoplastia, a produção de tintas e pigmentos, o curtimento, a preservação da madeira, a produção de produtos químicos de crómio e a produção de pasta e papel. Esses resíduos industriais (por exemplo, lamas, cinzas volantes, escórias, etc.) são frequentemente utilizados como material de enchimento em numerosos locais para recuperar pântanos, para diques de tanques e para enchimento de locais após demolição (Salunkhe et al., 1998). Os efeitos biológicos do crómio dependem muito do

Estado de oxidação. O crómio trivalente e o hexavalente são os estados de oxidação mais comuns e estáveis do crómio. O Cr(III) é considerado relativamente menos tóxico em comparação com os compostos de Cr(VI) bio-disponíveis sob a forma de cromato (CrO_4^{-2}) e dicromato ($Cr_2O_7^{-2}$), que são altamente tóxicos e demonstraram ser mutagénicos e cancerígenos (Zayed e Terry, 2003).

O crómio hexavalente diminui significativamente o crescimento das plântulas, o comprimento das raízes, o comprimento dos rebentos, o teor total de clorofila nos rebentos, as taxas de fotossíntese líquida, a transpiração e a condutância estomática no trigo (*Triticum aestivum* L.) (Dey et al., 2009). As actividades da superóxido dismutase, catalase, ascorbato peroxidase e glutationa redutase são também significativamente afectadas pelo tratamento com Cr(VI) (Subrahmanyam, 2008). Baixas concentrações de fornecimento de Cr(VI) induzem clorose interveinal nas folhas jovens, que se transforma em necrose em fases posteriores do crescimento. A atividade da catalase nas folhas jovens é prejudicada por um aumento do Cr(VI). A concentração de azoto proteico diminui e a de açúcares redutores aumenta devido ao stress do crómio. O crómio acumula-se em maior quantidade nos caules, seguindo-se as folhas com níveis mais elevados. Em resposta ao fornecimento de crómio, o rendimento do grão é severamente afetado e até não se observou formação de sementes a 1,O mM Cr(VI) (Sharma, 1995). O crómio e o chumbo no microcosmo do solo diminuem as actividades microbianas e levam à acumulação de C orgânico no solo (Shi et al., 2002). Devido aos seus riscos potenciais e à contaminação generalizada, é necessário limpar o ambiente contaminado com crómio através do desenvolvimento de métodos e estratégias que sejam respeitadores do ambiente e rentáveis.

Os métodos físicos e químicos tradicionais utilizados para recuperar ambientes contaminados são dispendiosos, invasivos do ponto de vista ambiental e exigem um investimento considerável de recursos económicos e tecnológicos (Jadia e Fulekar, 2009).

A fitorremediação de solos, sedimentos e água contaminados com metais pesados ganhou um interesse considerável nos últimos anos (Terry e Banuelos, 2000), é uma tecnologia emergente para a remediação destes sítios a custos muito reduzidos, com efeitos secundários adversos mínimos, tem vantagens estéticas e aplicabilidade a longo prazo (Jadia e Fulekar, 2009). A fitorremediação da poluição por crómio pode ser feita por fitoextracção, rizofiltração e fitodetoxificação (Zayed e Terry, 2003)

No entanto, a fitorremediação é uma técnica rentável e amiga do ambiente, mas o seu êxito é limitado devido à menor produção de biomassa e à toxicidade direta dos contaminantes, que danificam a estrutura celular devido ao stress oxidativo causado por espécies reactivas de oxigénio e à inibição de enzimas citoplasmáticas (Assche e Clijsters, 1990). As plantas com elevada capacidade de acumulação de metais têm frequentemente uma taxa de crescimento lenta, se a concentração de metais no solo contaminado for muito elevada e tóxica. Para aumentar o sucesso da fitoremediação, as PGPR são utilizadas em solos agrícolas pobres em nutrientes (Denton, 2007).

As PGPR são bactérias colonizadoras de raízes (rizobactérias) que exercem efeitos benéficos no desenvolvimento das plantas através de mecanismos diretos ou indirectos (Nelson, 2004) e têm potencial para diminuir os efeitos tóxicos dos metais pesados nas plantas através da secreção de ácidos, proteínas, fito-antibióticos e outros produtos químicos (Bertrand et al., 2000). Recentemente, a aplicação de PGPR foi alargada para remediar solos contaminados em associação com plantas (Zhuang et al., 2007) e existe um interesse considerável na utilização da bioremediação e da fitoremediação para tratar solos, sedimentos e águas contaminados com Cr (Lytle et al., 1998).

Tendo em conta o possível papel das PGPR para melhorar o crescimento das plantas em solos contaminados, juntamente com a redução do Cr (VI) em Cr (II). O presente estudo foi planeado com os seguintes objectivos

- Isolar e selecionar PGPR tolerantes ao crómio.
- Avaliar o efeito das PGPR no crescimento e rendimento do trigo em condições de stress de crómio.
- Avaliar o efeito da interação planta-micróbio na melhoria dos solos contaminados com crómio

Capítulo 2

Revisão da literatura

A industrialização está a aumentar de dia para dia em todo o mundo. Os países em desenvolvimento estão gradualmente a mudar a sua dependência do sector agrícola para o sector industrial. A rápida industrialização está a resultar na extração e distribuição de substâncias minerais dos seus depósitos naturais e, após a sua utilização na indústria, estas sofreram alterações químicas através de processos químicos e, finalmente, foram dispersas por meio de efluentes, esgotos, lixeiras e poeiras, na água, no solo e no ar, entrando assim na cadeia alimentar.

2.1 Fontes de poluição por metais pesados

Os metais pesados são os elementos com uma densidade específica superior a 5 g/cm^3 (Jarup, 2003) e são tóxicos ou venenosos para os animais e as plantas, mesmo em baixas concentrações. O mercúrio (Hg), o cádmio (Cd), o arsénio (As), o crómio (Cr), o chumbo (Pb), o manganês (Mn), o zinco (Zn), etc. são exemplos de metais pesados. As concentrações de metais pesados no solo variam entre menos de 1 mg kg^{-1} e até 100 000 mg kg^{-1} , quer devido à origem geológica do solo, quer devido à atividade humana ofensiva (Blaylock e Huang, 2000). Todas estas substâncias são de ocorrência natural e estão frequentemente presentes no ambiente em níveis baixos. Uma série de processos industriais, como a exploração mineira e o processamento, a galvanoplastia, a preservação da madeira, a produção de ferro e aço, o fabrico de pigmentos, as fundições, a indústria de centrais eléctricas, a produção e aplicação de pesticidas contendo metais, a produção de eletricidade, a refinação de petróleo, a produção de papel e o curtimento de peles tendem a produzir uma grande quantidade de resíduos perigosos e tóxicos sob a forma de efluentes industriais contendo metais pesados (SOE, 2001). Para além desta descarga industrial, as águas residuais e poluídas do sector doméstico e agrícola também estão a causar poluição ambiental (Mahvi, 2008; Wang et al., 2010). Estas águas residuais, misturadas com efluentes industriais, não só contêm muitos metais tóxicos, como também libertam gases nocivos e com mau cheiro (Khan et al., 1994). Devido ao elevado teor de nutrientes para as plantas, à falta de infra-estruturas e de instalações para uma eliminação segura, as águas residuais não tratadas são utilizadas para fins de irrigação em várias partes do mundo em terrenos urbanos e suburbanos. Os solos agrícolas urbanos do Paquistão são frequentemente irrigados com efluentes urbanos para o cultivo de produtos hortícolas (Qadir et al., 1998). Os metais pesados presentes nos efluentes industriais são depositados no perfil do solo, conduzindo a uma contaminação metálica a longo prazo.

2.1.1 Efeitos tóxicos de vários metais pesados nas plantas

A capacidade de as plantas absorverem e acumularem metais essenciais como Ca, Co, Cu, Fe, K, Mg, Mn, Mo e Zn da solução do solo, necessários em diferentes concentrações para o crescimento e o desenvolvimento, dá-lhes a possibilidade de absorverem e acumularem outros metais não essenciais como Al, As, Au, Cd, Cr, Hg, Pb, Pd, Pt, Sb, Te, Tl e U (Mohamed et al., 2003). As plantas cultivadas em solo contaminado ou irrigadas com água impura acumulam teores de metais, o que resulta em atraso no crescimento das plantas devido a alterações no processo bioquímico, como a inibição da atividade enzimática, a penetração de proteínas e a nutrição prejudicada, *etc.* (Arun at al., 2005). As plantas sofrem de stress oxidativo quando expostas a metais pesados, o que provoca danos celulares. Além disso, as plantas acumulam iões metálicos que perturbam a homeostase iónica celular (Yadav, 2010). A elevada concentração de cádmio no solo reduz a absorção de água e nutrientes e a fotossíntese das plantas, causando-lhes lesões sob a forma de clorose, inibição do crescimento, escurecimento das pontas das raízes e, por fim, morte das plantas (Wojcik e Tukiendorf, 2004; Mohanpuria et al., 2007). O mercúrio (Hg) é fortemente fitotóxico para as células vegetais sob a forma de Hg^{2+} . Uma concentração elevada de Hg^{2+} causa perturbações fisiológicas nas plantas, como a ligação a proteínas de canais de água, resultando na obstrução física do fluxo de água nas plantas (Zhang e Tyerman, 1999; Zhou et al., 2007). Níveis elevados de Hg^{2+} induzem o stress oxidativo, activando a geração de espécies reactivas de oxigénio, o que leva à interrupção dos lípidos das biomembranas e do metabolismo celular nas plantas, bem como perturba a atividade mitocondrial (Messer et al., 2005; Israr e Sahi, 2006; Cargnelutti et al., 2006). Os efeitos do Pb nas plantas resultaram na alteração das actividades bioquímicas, bem como da função das plantas. Uma concentração elevada de Pb aumenta o teor de pigmentos fotossintéticos e induz o stress oxidativo, aumentando a produção de espécies reactivas de oxigénio (ROS) nas plantas (Reddy et al., 2005). Exerce um efeito adverso na morfologia, no crescimento e nos processos fotossintéticos das plantas. Um nível elevado de Pb também provoca a inibição de actividades enzimáticas, desequilíbrio hídrico, alterações na permeabilidade das membranas e perturba a nutrição mineral (Sharma e Dubey, 2005). O Pb inibe a atividade das enzimas a nível celular ao reagir com os seus grupos sulfidrilos.

2.1.2 Crómio

O crómio, descoberto em 1798 por N. L. Vauquelin, é um metal cinzento-aço, brilhante, duro e quebradiço do grupo VI-B da série de transição, com um número atómico de 24. O seu peso atómico é de 51,996, o volume atómico é de 7,23 $cm^3\ mol^{-1}$ e a densidade é de 7,19 $g\ cm^{-3}$ à temperatura de 293 K. O crómio apresenta uma vasta gama de estados de oxidação. Os estados de oxidação mais comuns do crómio são Cr^{+2} , Cr^{+3} , e Cr^{+6} , sendo o Cr^{+3} o mais estável

(Bartlett e James, 1988; Zayed e Terry, 2003). O crómio pode ser benéfico e tóxico para os animais e para os seres humanos, dependendo do seu estado de oxidação e da sua concentração (Shanker, 2009). O crómio trivalente é necessário em quantidades vestigiais para o metabolismo do açúcar e dos lípidos nos seres humanos (Kotas e Stasicka, 2000). O crómio hexavalente é mais tóxico do que o crómio trivalente devido à sua maior solubilidade na água, à sua rápida permeabilidade através das membranas biológicas e à sua interação com as proteínas intracelulares e os ácidos nucleicos (Congeevaram et al., 2007). O crómio está presente em todas as divisões do ambiente, incluindo o ar, a água e o solo. Normalmente, o crómio varia entre 10 e 50 mg kg^{-1} no solo, dependendo do material de origem. Em solos serpentinos, pode atingir até 125 g kg^{-1} (Adriano, 1986; Pandey e Pandey, 2008). O crómio é utilizado em muitos produtos e processos que incluem aço inoxidável, corantes têxteis, lamas de perfuração, fabrico de catalisadores e produção de ácido crómico. Os compostos de crómio hexavalente são utilizados na indústria para revestimento de metais, tratamento de água de torres de arrefecimento, curtimento de peles e, até recentemente, preservação da madeira (Kotas e Stasicka, 2000; Dinesh et al., 2006; Kalidhasan et al., 2009). Os revestimentos de crómio são normalmente aplicados ao alumínio, zinco, cádmio, cobre, prata, magnésio e estanho para evitar a ferrugem ou outros danos que podem ocorrer devido à exposição ao oxigénio. Os compostos de crómio são amplamente utilizados no processamento e acabamento de couro. (Nriagu, 1988).

2.1.3 Efeitos tóxicos do crómio no crescimento e desenvolvimento das plantas

O crómio (Cr) é um elemento não essencial e tóxico que pode causar danos graves às plantas e aos animais (Cervantes et al. 2001; Pandey e Pandey, 2008). O crómio hexavalente é mais fitotóxico do que o crómio trivalente e o crómio das lamas de curtume e é cancerígeno por natureza (Lupez-Luna et al., 2009). A absorção e translocação do crómio na planta é a primeira interação deste metal pesado com uma planta. O crómio não possui mecanismos definidos para a sua absorção. No entanto, os transportadores utilizados para a absorção de metais essenciais para

O metabolismo das plantas está envolvido na absorção de crómio da solução do solo (Shanker et al., 2005). O crómio hexavalente é transportado ativamente com a ajuda de transportadores de aniões essenciais, como o sulfato (Costa, 2003; Cervantes et al., 2001; Shanker et al., 2004). A toxicidade do crómio reduz significativamente a germinação das sementes, a germinação de sementes num meio que contém uma concentração elevada de crómio indica a tolerância das sementes contra o nível tóxico deste metal pesado (Peralta et al., 2001). A atividade das amilases pode ser afetada pelo nível tóxico de crómio, o que pode ter um efeito no transporte de açúcares para os eixos do embrião. No entanto, a atividade das proteases aumenta com uma maior concentração de crómio, podendo estes factores reduzir significativamente a germinação das sementes em meio com elevado teor de crómio (Zeid, 2001). Por exemplo, 200 uM de crómio reduzem a germinação das sementes até 25% em *Echinochloa colona* (Rout et al., 2000), 500 mg kg^{-1} de crómio hexavalente no solo reduzem a germinação das sementes até 48% em *Phaseolus vulgaris* (Parr e Taylor, 1982) e 40 mg kg^{-1} de crómio hexavalente reduzem a germinação das sementes em 23% em *Medicago sativa* cv. Malone (Peralta et al. 2001). A raiz é a parte mais sensível das árvores e das culturas em resposta à toxicidade de metais pesados, o que indica um efeito bem documentado pela diminuição do comprimento da raiz e do peso seco (Tang et al., 2001; Prasad et al., 2001; Panda, 2003). O crescimento das raízes é a avaliação mais sensível da toxicidade do solo poluído com crómio, em comparação com o crescimento dos rebentos e a germinação das sementes (Lupez-Luna et al., 2009). 100 mg kg^{-1} de crómio no solo inibem significativamente o comprimento da raiz e o peso seco da árvore árida *Caesalpinia pulcherrima* (Iqbal et al., 2001). A toxicidade do crómio pode reduzir a absorção de N, K, P e outros elementos devido à redução do crescimento radicular e à menor penetração das raízes no solo (Khan et al. 2001) e o crómio dificilmente é translocado para as partes aéreas das plantas (Hadad et al., 2010). A redução do comprimento e do peso seco das raízes das plantas em resultado da toxicidade do crómio pode dever-se à inibição da divisão celular da raiz/alongamento da raiz ou à extensão do ciclo celular nas raízes (Barcelo et al., 1986). A altura das plantas e o crescimento dos rebentos também são afectados negativamente por concentrações elevadas de crómio (Rout et al., 1997; Barton et al., 2000). Como a altura das plantas está diretamente relacionada com o crescimento das raízes, a diminuição da altura das plantas pode dever-se à diminuição do crescimento das raízes e à baixa absorção e translocação de nutrientes e água para as partes superiores da planta. Além disso, o crómio pode ter um impacto direto no metabolismo celular, o que pode causar uma diminuição da altura das plantas (Shanker et al., 2005). O crómio trivalente e hexavalente diminui significativamente o crescimento e o tamanho das folhas e mais de 60 mg kg^{-1} de crómio no solo podem causar a queima das pontas ou das margens das folhas (Singh, 2001). Por outro lado, 40 mg kg^{-1} de crómio no solo provocam clorose das folhas, que se transforma em necrose com 80 mg kg^{-1} de crómio no solo (Jain et al., 2000). Uma maior produção de biomassa em termos de matéria seca é o principal requisito para um maior rendimento das plantas. Uma concentração de crómio hexavalente superior a 2,5 g/mL-1 num meio nutritivo reduz severamente a produção de matéria seca (Chatterjee e Chatterjee, 2000; Vajpayee et al., 2001). O crómio hexavalente em combinação com o stress da salinidade reduz significativamente a biomassa seca de *Portulaca oleracea* (Zurayk et al., 2001). A elevada concentração de crómio no solo afecta significativamente muitos processos fisiológicos e bioquímicos nas plantas, acabando por diminuir drasticamente o rendimento das plantas e afectando também a produtividade das culturas (Barcelo et al., 1993). A fotossíntese é um processo bem conhecido em termos de produção de biomassa seca e, em última análise, de elevado rendimento das culturas. Este processo é gravemente afetado pelo stress do crómio em termos de fixação de CO_2, transporte de electrões, fotofosforilação, actividades enzimáticas (Clijsters e Van Assche, 1985) e também diminui o teor de clorofila nas plantas (Hadad et al., 2010). A fotossíntese é significativamente reduzida devido a uma concentração de crómio de 10^{-2} M (Zeid, 2001). A fitotoxicidade do crómio provoca a murchidão de várias culturas porque o potencial hídrico e a taxa de transpiração diminuem, enquanto a resistência à difusão e o teor relativo de água aumentam nas folhas (Chatterjee e Chatterjee, 2000). O stress provocado pelo crómio pode estimular modificações metabólicas nas plantas, como alterações na constituição dos pigmentos que desempenham um papel importante na vida das plantas, como a clorofila, a antocianina e as xantofilas (Boonyapookana et al., 2002; Scoccianti et al., 2006). O stress do crómio pode aumentar diretamente a produção de metabolitos como a glutationa e o ácido ascórbico, que podem causar lesões na estrutura celular das plantas (Shanker, 2003), e pode também estimular a produção de novos metabolitos bioquímicos como as fitoquelatinas e a histidina, que podem conferir resistência ou tolerância ao stress do crómio (Schmoger, 2001). Em contraste com o comprimento da raiz e do rebento, a área foliar e a produção de biomassa das plantas, a atividade da redutase do nitrato (NR) das folhas aumenta significativamente em comparação com os valores de controlo em faixas de crómio hexavalente (Tripathi e Tripathi, 1999; Vajpayee et al., 1999; Vajpayee et al., 2000; Panda e Patra, 2000). Alguns dos principais mecanismos de desintoxicação de metais nas plantas são a indução e a ativação da superóxido dismutase (SOD) e da catalase antioxidante (Sharma et al., 1993; Prasad, 1998; Shanker et al., 2003; Shanker et al., 2004). A atividade das enzimas antioxidantes aumenta com concentrações mais baixas de metais pesados, ao passo que, com concentrações elevadas, a atividade da SOD não aumenta e a atividade da catalase também diminui (Chatterjee e Chatterjee, 2000; Dixit et al., 2002; Panda e Choudhury, 2005). A atividade específica da catalase diminui com o aumento da concentração de crómio de 20 para 80 mg kg^{-1} no solo (Jain et al., 2000). A acumulação de crómio aumenta com o aumento da concentração e da duração do tratamento com o metal e resulta num aumento da produção de peróxido de hidrogénio e de radicais superóxidos nas células das raízes (Panda. 2007).

2.2 Técnicas de descontaminação de solos contaminados com metais pesados

A contaminação do solo com metais pesados é uma das mais sérias ameaças ao meio ambiente, e novas técnicas são reivindicadas para a remoção de tais contaminantes, principalmente de solos agrícolas (Capuana, 2011). Ao contrário dos compostos orgânicos, os metais não podem ser degradados, e a limpeza geralmente requer a sua remoção. O solo contaminado com metais pode ser remediado através de técnicas químicas, físicas e biológicas. Para eliminar os metais pesados do solo e da água, estão disponíveis vários processos físicos e químicos convencionais, como a precipitação química, a redução eletroquímica, a precipitação de sulfuretos, a cimentação, a osmose inversa, a elecrodialise e a extração por solventes (Sun et al., 2007; Lakshmipathiraj et al., 2008; Anandkumar e Mandal, 2009; Emslie, 2010). Estas técnicas são dispendiosas e reduzem a fertilidade do solo, para além de causarem impactos negativos no ecossistema (Volesky e Holzen, 1995; Kratochvil Volesky, 1998; Camargo et al., 2003). As técnicas físico-químicas para a descontaminação do solo tornam a terra inútil para o crescimento das plantas, uma vez que removem todas as actividades biológicas, incluindo micróbios úteis como as bactérias fixadoras de azoto, micorrizas, fungos, bem como a fauna no processo de descontaminação (Burns et al., 1996). Nas técnicas biológicas, a fitorremediação (Capuana, 2011) e a biorremediação são atualmente técnicas emergentes para a recuperação de solos contaminados com metais pesados, que são abordagens rentáveis, ecológicas e esteticamente agradáveis, mais adequadas para os países em desenvolvimento (Ghosh e Singh, 2005). Os dois principais processos que estão a ser investigados são a adsorção de metais em materiais biológicos (ou seja, biossorção), incluindo células de microrganismos e plantas, e a redução dissimilatória de iões metálicos de um estado de maior valência para um estado de menor valência (ou seja, biotransformação) através de uma reação enzimática ou indiretamente com o metabolito produzido (Lovley, 1993; Wang e Shen, 1995; Tobin e Roux, 1998; Lee et al., 2000; Valls et al., 2000).

A fitorremediação consiste na recuperação de solos, lamas, sedimentos e águas subterrâneas contaminados para o seu estado ambiental normal e saudável através da utilização direta de plantas vivas (Salt et al., 1998). A fitorremediação pode ser utilizada para remediar vários contaminantes, incluindo metais, pesticidas, solventes, explosivos, hidrocarbonetos de petróleo, hidrocarbonetos policíclicos aromáticos e lixiviados de aterros sanitários (Khan et al., 2004). Os mecanismos envolvidos na fitorremediação de solos contaminados podem ser a fitoextracção, a fitodegradação, a rizofiltração, a fitoestabilização e a fitovolatilização (Salt et al., 1995), mas para a remediação de solos contaminados com metais pesados, os processos principalmente envolvidos são a absorção de metais pesados, a adsorção, o transporte e a translocação, o sequestro em vacúolos, a hiperacumulação e, em alguns casos, a volatilização (Meagher, 2000).

Muitas espécies vegetais têm um potencial diferente para a fitorremediação de solos contaminados com crómio. Por exemplo, *a* planta *Jatropha curcas* tem capacidade para remediar solos contaminados com crómio hexavalente com menos de 90 mg kg^{-1} . O crómio hexavalente não tem efeito significativo nas partes aéreas das plantas de *Jatropha curcas* e a aplicação de composto aumenta a capacidade de pitoremediação da *Jatropha curcas* (Mangkoedihardjo e Surahmaida, 2008). Algumas plantas infestantes como *Cynodon dactylon, Vetiveria nemoralis, Echinochloa colonum, Phyllanthus reticulatus, Pluchea indica* e *Amaranthus viridis* têm diferentes aptidões para a fitorremediação e a biossorção do crómio. Entre estas plantas, as folhas de *P. indica* apresentam a maior acumulação de crómio hexavalente e uma adsorção máxima de crómio hexavalente do que outras partes da planta e biomassas (Sampanpanish *et al.*, 2007). Algumas plantas têm capacidades de fitoextracção de crómio, como *Sutera fodina, Dicoma niccolifera, Leptospermum scoparium* (Peterson, 1975), *Albizia amara, Casuarina equisetifolia, Tectona grandis, Leucaena luecocephala* (Shanker et al., 2005) e *Leersia hexandra* (Liu et al. (2011) e *Albizia amara* é um potencial acumulador de crómio com ácido cítrico como correção do solo (Shanker et al., 2005). Diferentes espécies de plantas aquáticas também têm capacidade de bioacumulação de crómio, como *Scirpus lacustris, Phragmites kark, Bacopamonnieri* (Chandra et al., 1997), *Hydrilla sp.* e *Chara sp.* (Perveen e Arjun, 2011). *A* planta flutuante *Eichhornia crassipes* (jacinto de água) também tem capacidade de acumulação de crómio (Narain, 2011) e esta planta também tem capacidade para transformar o crómio hexavalente em crómio trivalente, que é menos tóxico (Lytle et al., 1998). A fitorremediação de solos contaminados com crómio seria uma alternativa às técnicas convencionais de remediação, especialmente para solos que não requerem uma remediação imediata.

Embora a fitoremediação tenha potencial para reduzir os efeitos tóxicos dos poluentes com menos custos e de forma mais protetora do ambiente do que outros métodos convencionais, o seu sucesso é limitado porque as elevadas concentrações iniciais de contaminantes podem ser fitotóxicas e impedir o crescimento das plantas. É aplicável a solos pouco profundos, cursos de água e águas subterrâneas. As condições climáticas ou sazonais podem interferir ou inibir o crescimento das plantas, abrandar os esforços de remediação ou aumentar a duração do período de tratamento. Não é eficaz para contaminantes fortemente absorvidos (por exemplo, PCBs) e fracamente absorvidos. A toxicidade e a biodisponibilidade dos produtos de biodegradação nem sempre são conhecidas. Os produtos podem ser mobilizados para as águas subterrâneas ou bioacumulados em animais (Vishnoi e Srivastava, 2008).

2.3 Remediação microbiana de solos contaminados com crómio

A desintoxicação microbiana do crómio consiste basicamente na biotransformação do crómio hexavalente em crómio trivalente, que é comparativamente menos tóxico e benéfico para os animais e os seres humanos em vestígios. Os microrganismos podem transformar o crómio hexavalente em crómio trivalente em condições aeróbias e anaeróbias (Cheung e Gu, 2007). Desde a descoberta do primeiro micróbio com capacidade de reduzir o crómio hexavalente (Romanenko e Korenkov, 1977), muito trabalho tem sido feito na procura de microrganismos redutores do crómio hexavalente. Os actinomicetos têm a melhor atividade de biotransformação do crómio hexavalente, seguidos das bactérias e dos fungos, que podem ser utilizados para o tratamento de efluentes industriais com quantidades elevadas de crómio hexavalente (Manjunathan et al., 2011). Os actinomicetos, como os géneros *Arthrobacter*, *Streptomyces*, *Amycolatopsis* e *Nocardia* (Laxman e More, 2002; Horton et al., 2006; Polti et al., 2007; Manjunathan et al., 2011) têm uma elevada capacidade de biotransformação do crómio hexavalente. Entre os fungos, os géneros de *Mucor* têm capacidade de biotransformação do crómio hexavalente (Manjunathan et al., 2011). Além disso, algumas espécies bacterianas também têm capacidade de transformar o crómio hexavalente, como *Pseudomonas fluorescens* (Bopp e Ehrlich, 1988), *Pseudomonas aeruginosa* (Cervantes e Ohtake, 1988), *Enterobacter cloacae* (Wang et al., 1989), *Shewanella alga* (Guha et al., 2001), *Microbacterium* sp. (Pattanapipitpaisal et al., 2001), *Agrobacterium radiobacter*

(Llovera et al., 1993), *Pyrobaculum islandicum* (Kashefi e Lovley, 2000), *Deinococcus radiodurans* (Fredrickson et al., 2000) e *Pantoea agglomerans* (Francis et al., 2000). As bactérias redutoras de sulfato também têm aptidão para reduzir o crómio hexavalente a crómio trivalente, como *Desulfotomaculumare*, *Desulfomicrobium* e *Desulfovibrio* (McLean e Beveridge, 2001; Michel et al., 2001; Ganguli e Tripathi, 2002).

2.4 Rizobactérias promotoras do crescimento das plantas

As PGPR são capazes de colonizar os sistemas radiculares das plantas e promover o seu crescimento (Kloepper e Schroth, 1978) por mecanismos diretos ou indirectos (Glick et al., 1998). A promoção indireta ocorre quando as PGPR melhoram a saúde das plantas ao evitarem condições que restringem o crescimento (Glick et al., 1999). A promoção direta do crescimento das plantas pelas PGPR consiste em fornecer à planta um composto que é sintetizado pela bactéria ou facilitar a absorção de certos nutrientes do ambiente. Podem fixar o azoto atmosférico, solubilizar o fósforo, sintetizar sideróforos, fitocromos ou algumas enzimas que modulam o crescimento e o desenvolvimento influenciando os níveis de hormonas vegetais (Glick et al., 1999). As PGPR podem ser classificadas em PGPR extracelulares (ePGPR) e PGPR intracelulares (iPGPR) (Gray e Smith, 2005); As ePGPR existem na rizosfera, no rizoplano ou nos espaços intercelulares do córtex radicular e incluem espécies de Rhizobia e Frankia que fixam o azoto em associação simbiótica com plantas superiores, enquanto as iPGPR existem nos espaços intracelulares das células radiculares, geralmente em estruturas nodulares especializadas e têm mecanismos de sinalização que envolvem moléculas de sinalização entre plantas e bactérias, O mecanismo de sinalização das iPGPR é um mecanismo que envolve moléculas de sinalização da planta para a bactéria, seguido da perceção bacteriana e da consequente produção de sinais da bactéria para a planta, o que pode servir de modelo de conhecimento sobre os mecanismos de interação e de promoção do crescimento das plantas, especialmente durante o estabelecimento da simbiose rizóbia-leguminosa (Gray e Smith, 2005).

2.5 Papel das PGPR na contaminação por metais pesados

As PGPR podem melhorar o crescimento e o desenvolvimento das plantas em solos contaminados com metais pesados (Denton, 2007). Em solos contaminados com metais pesados, o papel natural das rizbactérias promotoras do crescimento de plantas tolerantes a metais na manutenção da fertilidade do solo é mais importante do que na agricultura convencional, onde o uso incorreto de agroquímicos minimiza a sua importância. Para além do seu papel na desintoxicação ou remoção de metais, as rizbactérias também promovem o crescimento das plantas através de outros mecanismos, como a produção de substâncias promotoras de crescimento e sideróforos. A eficiência da fitorremediação pode ser reforçada pela aplicação judiciosa e cuidadosa de organismos simbióticos fixadores de azoto tolerantes a metais pesados, promotores do crescimento das plantas (Khan et al., 2010). A rizosfera é uma interface importante entre o solo e a planta, que desempenha um papel significativo na fitorremediação de solos contaminados por metais pesados, na qual se sabe que as populações microbianas afectam a mobilidade dos metais pesados e a sua disponibilidade para a planta através da libertação de agentes quelantes, acidificação, solubilização de fosfatos e alterações redox, pelo que têm potencial para melhorar os processos de fitorremediação (Jing et al., 2007). As plantas limpam os solos contaminados ajudando os microrganismos a degradar os contaminantes. A atividade microbiana tem demonstrado ser muito mais eficaz na rizosfera. *Pseudomonas*, *Agrobacterium*, *Achromobacter* e *Arthrobacter* são espécies típicas de bacreria encontradas na rizosfera e utilizadas como agentes de bioremediação (Beck, 1995).

2.6 Bioremediação/rizoremediação de metais pesados assistida por plantas

A rizoremediação é a decomposição de contaminantes no solo como resultado da atividade microbiana que é reforçada na rizosfera (Kuiper et al., 2004). O objetivo da rizoremediação é o aumento do número e da atividade microbiana e a exploração dessa atividade microbiana acrescida para melhorar a bioremediação. O ambiente da rizosfera estimula a atividade microbiana através do fornecimento de exsudados radiculares, que são metabolitos de baixo peso molecular que entram no solo a partir das raízes das plantas. Os exsudados das raízes são uma importante fonte de nutrientes para os microrganismos. As próprias raízes incentivam a atividade microbiana na rizosfera, fornecendo uma fonte de carbono orgânico, aumentando a área de superfície para a colonização microbiana e arejando o solo para assegurar a degradação aeróbica perto da zona radicular (Anderson et al., 1993; Schnoor et al., 1995; Burken e Schnoor, 1996). Estes factores resultam numa população microbiana na rizosfera que pode ser uma ou várias vezes maior do que a população microbiana afastada da influência imediata das raízes (Anderson et al., 1993; Siciliano e Germida, 1998). Em solos contaminados por metais, o papel natural das rizobactérias promotoras do crescimento de plantas tolerantes a metais para manter a fertilidade do solo é mais importante do que na agricultura convencional, onde o maior uso de agroquímicos minimiza a sua importância (Khan et al., 2010). Para além do seu papel na desintoxicação e remoção de metais, as rizobactérias também promovem o crescimento das plantas através de outros mecanismos, como a produção de substâncias promotoras de crescimento e sideróforos.

A fitorremediação é outra tecnologia emergente, de baixo custo e in situ, utilizada para remover poluentes de solos contaminados. A eficiência da fitorremediação pode ser aumentada pela aplicação criteriosa e cuidadosa de rizobactérias apropriadas tolerantes a metais pesados e promotoras do crescimento de plantas, incluindo organismos simbióticos fixadores de azoto (Khan et al., 2010). Chatterjee et al. (2009) isolaram e caracterizaram um isolado bacteriano resistente ao Cr(VI) (*Cellulosimicrobium cellulans*), com propriedades promotoras do crescimento das plantas para melhorar o crescimento geral das plantas em solo contaminado com crómio através da colonização da rizosfera. A estirpe também mostrou um grau variado de resistência ao Cd, Co, As, Ni e Zn. Apresentou uma capacidade potencial de redução do Cr(VI) em condições de cultura aeróbica. A estirpe apresentou uma resposta positiva à produção de IAA e à solubilização de fosfato. Promoveu o crescimento de plantas de malagueta em solo alimentado com resíduos com ou sem Cr adicional através do seu estabelecimento na rizosfera.

Capítulo 3

Materiais e métodos

Foi realizado um ensaio em vaso na casa de arame do Instituto de Ciências do Solo e do Ambiente para avaliar o efeito das PGPR no crescimento e rendimento do trigo (*Triticum aestivum* L.) em solo contaminado com crómio.

3.1 Recolha de amostras de solo

Para o isolamento de PGPR tolerantes ao Cr(VI), foram recolhidas amostras de solo dos campos irrigados com efluentes de curtumes, perto das indústrias de curtumes do distrito de Kasur.

3.2 Isolamento e conservação de bactérias

As bactérias foram isoladas das amostras de solo recolhidas através da técnica de diluição em placa (Wollum II, 1982). Dez gramas de cada amostra de solo foram colocados num frasco cónico de 500 mL com 95 mL de água esterilizada. O frasco foi agitado cuidadosamente para misturar o solo contaminado com a água. Foi efectuada uma diluição adicional retirando 1mL do balão de 100 mL e transferindo-o para um tubo de ensaio que continha 9 mL de água destilada esterilizada. Seguindo o mesmo procedimento, foram preparadas cinco diluições: 10^{-1} , 10^{-2} , 10^{-3} , 10^{-4} e 10^{-5} . De cada diluição, transferiu-se 1 mL para placas de Petri e verteu-se meio de ágar peptona de glucose (GPAM) esterilizado nas placas de Petri para servir de meio de crescimento para as bactérias. Após a solidificação do meio, estas placas de Petri foram invertidas e incubadas a 28±1° C durante 72 horas. Estes isolados bacterianos também foram cultivados em meio de ágar Luria Bertani (LB) enriquecido com diferentes concentrações de Cr^{+6} (50, 75 e 100 mg L^{-1}) para verificar a capacidade de tolerância ao Cr^{+6} destes isolados (Camargo *et al.*, 2003). A purificação posterior foi efectuada por sementeira em meios de cultura de uso geral. Para a conservação, o caldo foi preparado utilizando um meio líquido de uso geral. Colónias bem crescidas foram colhidas com a ajuda de uma agulha de inoculação e inseridas no frasco com 20 ml de caldo. Os frascos inoculados foram incubados durante 72 horas a 28±1° C numa incubadora com agitação a 180 rpm. Os isolados cultivados em caldo foram conservados deitando 400 uL de glicerol e 600 uL de caldo de cultura num Eppendorf de 1 mL. Estes foram mantidos a -40° C para uma conservação prolongada.

3.3 Seleção de isolados bacterianos

Dos isolados bacterianos, foram selecionados e utilizados na experiência em vaso os dez isolados que cresceram mais eficazmente em meio de ágar Luria Bertani (LB) enriquecido com diferentes concentrações de Cr^{+6} (50, 75 e 100 mg L $)^{-1}$

Composição do meio de ágar peptona de glucose

Ingredientes	Quantidade $(L)^{-1}$
Glicose	1.5 g
$(NH_4)_2SO_4$	0.5 g
K_2HPO_4	0.5 g
Peptona	0.5 g
$MgSO_4.7H_2O$	0.1 g
$FeSO_4.7H_2O$	Traços
Ágar	15 g

Composição do meio de ágar Luria Bertani (LB)

Ingredientes	Quantidade $(L)^{-1}$
Triptona	10 g
Extrato de levedura	5 g
Cloreto de sódio (NaCl)	10 g
Ágar	15 g
pH	7.0

3.4 Caracterização de bactérias

Antes da inoculação das sementes, as PGPR tolerantes ao Cr(VI) foram caracterizadas quanto aos seus mecanismos de promoção das plantas, como a redução do Cr(VI) em Cr(III), que é menos fitotóxico, a solubilização de fosfato inorgânico, que pode ser útil na disponibilidade de fósforo sob Cr(VI), a atividade de quitinase e oxidase, que pode ajudar como agente de biocontrolo de fitopatógenos e a atividade de catalase, que pode apoiar as plantas em condições de stress.

3.4.1 Ensaio de redução de cromatos

Para a medição da redução do cromato, os isolados bacterianos selecionados foram cultivados em caldo Luria Bertani contendo 50 ug mL^{-1} de Cr(VI), utilizando $K_2Cr_2O_7$ como fonte de contaminação. O volume total foi mantido em 50 mL por frasco. Após incubação a 28±1°C em incubadora com agitação orbital durante 5 dias, as culturas foram filtradas e o Cr(VI) remanescente foi determinado a partir do filtrado pelo método colorimétrico da 1,5-difenilcarbazida com a ajuda de um espetrofotómetro (Evolution 300 LC), medindo a absorvância a 540 nm (Campos et al., 1995).

3.4.2 Solubilização de fosfato inorgânico

Para a determinação da atividade solubilizadora de fósforo, foi utilizado o meio de cultura do National Botanical Research Institute, Rana Pratap Marg (NBRI-RPM) (Mehta e Nautiyal, 2001). Para a avaliação de dez isolados bacterianos selecionados para solubilizar fosfato inorgânico, os isolados bacterianos foram cultivados e uma ansa de cada cultura foi colocada nas placas de Petri (quatro por placa de Petri) contendo meio de crescimento NBRIP e as placas de Petri foram incubadas a 28±1° C durante 7 dias. Após 7 dias, a formação de uma zona clara à volta das colónias dos isolados bacterianos foi considerada positiva para a solubilização de fosfato.

Composição do meio de cultura NBRIP

Ingredientes	**Quantidade $(L)^{-1}$**
Glicose	10 g
$Ca_3(PO_4)$	5 g
$MgCl_2.6H_2O$	5 g
$MgSO_4.7H_2O$	0.25 g
KCl	0.2 g
$(NH_4)_2SO_4$	0.1 g
Ágar n.º 2	15 g
pH	7.0

3.4.3 Teste da oxidase

O princípio do teste da oxidase baseia-se na produção da enzima citocromo oxidase, que, na presença de oxigénio atmosférico, produz um composto púrpura-escuro ao oxidar o substrato incolor dicloridrato de tetrametil-p-fenilenodiamina. Foi utilizado o método do papel de filtro para o teste da oxidase. Com a ajuda de um conta-gotas, foram distribuídas duas gotas de reagente em papel de filtro esterilizado. Evitou-se a utilização excessiva de reagente, uma vez que tal poderia provocar o desvanecimento da reação nos organismos oxidase positivos. Os organismos de teste foram semeados com a ajuda de uma ansa esterilizada no papel de filtro saturado de reagente. Após 30 segundos, observou-se o desenvolvimento de cor nos organismos oxidase positivos.

3.4.4 Teste da catalase

A catalase (também conhecida como peroxidase) é uma enzima que catalisa a decomposição do peróxido de hidrogénio em oxigénio e água. Equação química para a decomposição do peróxido de hidrogénio:

$$2H_2O_2 \rightarrow 2H_2O + O_2$$

O crescimento bacteriano foi obtido com a ajuda de uma ansa bacteriológica e as células foram transferidas do centro de uma colónia bem isolada para uma lâmina de vidro, tendo sido adicionadas 1-2 gotas de peróxido de hidrogénio a 3% às células bacterianas. A formação de bolhas de gás rápidas e sustentadas foi caracterizada como catalase positiva, enquanto que no caso da catalase negativa não se observaram bolhas activas.

3.4.5 Teste da quitinase

Para a determinação da atividade de quitinase, adicionou-se 3% p/v de quitina ao meio de ágar nutriente e este meio foi vertido em placas de Petri e as células bacterianas foram colocadas em cinco locais diferentes do meio de ágar nutriente enriquecido com quitina. A formação de uma auréola clara à volta das colónias foi considerada como positiva para a produção de quitinase.

Composição do meio de ágar nutriente enriquecido com quitina para a atividade da quitinase

Ingredientes	**Quantidade $(L)^{-1}$**
Peptona	5 g
Extrato de carne de bovino	3 g
Cloreto de sódio (NaCl)	8 g
Ágar nº	21,5%
Quitina	3%w/v

3.5 Ensaio de germinação de sementes

Antes do ensaio em vaso, foi realizada uma experiência para avaliar o efeito do crómio hexavalente na germinação de sementes de trigo. As sementes de trigo foram mergulhadas em etanol a 95% durante 2 minutos para esterilização da superfície. Em seguida, as sementes foram lavadas seis vezes com água destilada esterilizada. Após uma lavagem completa, as sementes foram semeadas em folhas de papel de filtro esterilizadas colocadas em placas de Petri. Dez sementes foram semeadas em cada placa de Petri e 3 mL de solução de diferentes concentrações de Cr(VI) 10, 20, 50, 80 e 100 ug mL^{-1} respetivamente foram vertidos em cada placa de Petri, mantendo o controlo sem Cr(VI) ao verter 3 mL de água destilada. As placas de Petri foram incubadas a 28±1° C durante 7 dias. Esta experiência foi conduzida com três repetições, seguindo um desenho completamente aleatório (CRD). Foram registados os dados relativos ao comprimento do rebento, comprimento da raiz, peso fresco, peso seco e conteúdo de Cr(VI) das plântulas com 7 dias de idade.

3.6 Preparação do inóculo

O inóculo para o ensaio em vaso foi preparado através do cultivo dos isolados selecionados em meio de caldo de glucose e peptona. O meio de caldo foi preparado utilizando a composição do GPM, exceto o ágar, e foi esterilizado a uma temperatura de 121°C e a uma pressão de 15 psi durante 20 minutos. Os frascos contendo caldo de peptona de glucose foram inoculados com os isolados selecionados e incubados a 28 ± 1°C durante 3 dias. A densidade celular uniforme (10 -10^{78} CFU mL^{-1}) foi mantida através da manutenção da densidade ótica de (OD=0,45) a 535 nm. O inóculo de cada isolado foi injetado em turfa esterilizada (100 ml kg^{-1}) e foi incubado durante 24 horas a 28 ± 1°C antes de ser utilizado para o revestimento de sementes.

3.7 Inoculação de sementes

Para a inoculação das sementes, a preparação das sementes foi efectuada com turfa inoculada misturada com argila e uma solução de açúcar a 10%. No caso do controlo não inoculado, as sementes foram revestidas com a mesma suspensão de inóculo, mas autoclavada.

3.8 Ensaio da erva

O solo foi recolhido na área de investigação do Instituto de Ciências do Solo e do Ambiente, Universidade de Agricultura de Faisalabad, para encher os vasos. Antes do enchimento dos vasos, as amostras de solo foram homogeneizadas, secas ao ar à temperatura ambiente, trituradas, peneiradas com uma malha de 2,5 mm

e analisados para os caracteres indicados no Quadro 3.1. Após a análise do solo, cada vaso foi preenchido com 10 kg de solo e contaminado usando K2Cr2O7 como fonte de Cr(VI) e, finalmente, 20 mg kg^{-1} A concentração de Cr(VI) foi mantida em cada vaso. Após a contaminação por adição de solução de Cr(VI), o solo foi equilibrado durante um período de 15 dias nos vasos.

As sementes de trigo (*Triticum aestivum* L.) foram inoculadas com dez isolados diferentes. As sementes inoculadas foram semeadas em solo contaminado com crómio. Foi mantido o controlo sem inoculação, embora com o mesmo nível de contaminação. Foi incluído um outro tratamento nesta experiência em que nem o crómio nem as PGPR foram aplicados para determinar o efeito do stress do crómio no crescimento das plantas. O experimento foi conduzido com três repetições seguindo o delineamento inteiramente casualizado (CRD) em casa de arame sob luz e temperatura ambiente. Os vasos foram irrigados com água sempre que necessário. Os fertilizantes NPK @ 120-100-60 kg ha^{-1} respetivamente foram fornecidos juntamente com outras práticas agronómicas recomendadas. Toda a dose de fertilizante N foi aplicada em duas partes, a primeira dose de N foi aplicada no momento da semeadura enquanto a segunda dose após 20 dias de semeadura. Os fertilizantes P e K foram aplicados em dose completa na altura da sementeira como dose basal em todos os tratamentos.

A cultura foi colhida na maturidade. As amostras de grãos, palha e raízes foram analisadas para deteção de Cr(VI). As observações seguintes foram registadas após a colheita do trigo:

1. Altura da planta (cm)
2. Comprimento da espiga (cm)
3. Número de espiguetas por espiga
4. Peso de 1000 grãos (g)
5. Rendimento por vaso (g)
6. Rebento Peso fresco (g)
7. Peso seco do rebento (g)
8. Peso fresco da raiz (g)
9. Peso seco da raiz (g)

3.9 Análise do solo

O solo utilizado para o ensaio em vasos foi analisado segundo os procedimentos normalizados a seguir descritos.

3.9.1 Classe textural do solo (análise mecânica)

A classe textural do solo foi determinada colocando 50 g de solo num copo de 500 mL e adicionando 40 mL de uma solução de hexametafosfato de sódio $[Na(PO_3)]_6$ a 1% e 250 mL de água destilada, mantendo-a durante a noite. O solo foi agitado com um agitador mecânico durante 10 minutos, transferido para uma proveta graduada de um litro e o volume foi completado até à marca. Após a mistura, a leitura da suspensão foi registada com o hidrómetro de Bouyoucos (Moodie et al., 1959). A classe textural do solo foi designada utilizando o Triângulo Textural Internacional.

3.9.2 Percentagem de saturação (SP)

Foi preparada uma pasta saturada e uma porção da pasta foi transferida para um prato de porcelana tarado e pesada. A pasta de solo pesada foi colocada numa estufa e seca até atingir um peso constante a 105°C. A percentagem de saturação foi calculada utilizando a seguinte fórmula (Método 27a, U.S. Salinity Lab. Staff, 1954).

$$SP = \frac{\text{Mass of wet soil - Mass of dry soil}}{\text{Mass of oven dry soil}} x100$$

3.9.3 pH da pasta de solo saturada (pHs)

O pH da pasta de solo saturado foi determinado após a preparação da pasta de solo saturado. Para o efeito, cerca de 250 g de solo foram saturados com água destilada. A pasta foi deixada em repouso durante uma hora e o pH foi registado (Método 21a, U.S. Salinity Lab. Staff, 1954) utilizando um medidor de pH (Kent Eil 7015).

3.9.4 Condutividade eléctrica (ECe)

Para determinar a CEe, foi obtido um extrato de cada pasta de solo utilizando uma bomba de vácuo. A condutividade eléctrica foi anotada com o medidor digital de condutividade Jenway modelo 4070 (Método 3a e 4b, U.S. Salinity Lab. Staff, 1954).

Tabela 3.1: Caraterísticas físico-químicas do solo utilizado no ensaio em vaso

Caraterística	Unidade	Valor
Areia	%	51.2
Silte	%	28.3
Argila	%	20.5
Classe textural		Franco-argiloso arenoso
Percentagem de saturação	%	35
pHs		7.5
CEe	$dS\ m^{-1}$	1.41
CEC	$Cmolc\ kg^{-1}$	4.9
Matéria orgânica	%	0.62
Azoto total	%	0.06
Fósforo disponível	$mg\ kg^{-1}$	7.34
Potássio extraível	$mg\ kg^{-1}$	131
Teores de Cr(VI)	$mg\ kg^{-1}$	ND*

3.9.5 Capacidade de permuta catiónica (CEC)

Cinco gramas de cada solo foram saturados com CH3COONa 1 N (pH 8,2), lavados três vezes com etanol e finalmente extraídos com CH3COONH4 1 N (pH 7,0). O sódio no extrato foi determinado com a ajuda do fotómetro de chama PFP-7 com filtro de Na^+ (Método 19, U.S. Salinity Lab. Staff, 1954) depois de padronizar o instrumento com uma série de soluções padrão de Na^+ (0, 2, 4, 6, 8, 10 ppm). Em seguida, a CEC foi calculada pela fórmula:

* Concentração não detetável

$$\text{CEC (Cmolc Kg}^{-1}\text{)} = \frac{\text{Na (m molc L}^{-1}\text{)}}{1000} x \frac{100}{\text{weight of soil (g)}} x100$$

3.9.6 Matéria orgânica

Os teores de matéria orgânica do solo foram determinados de acordo com o método descrito por Moodie et al. (1959). De acordo com este método, 1 g de amostra de solo foi misturado cuidadosamente com 10 mL de solução de dicromato de potássio 1N e 20 mL de ácido sulfúrico concentrado. Em seguida, foram adicionados 150 mL de água destilada e 25 mL de solução de sulfato ferroso 0,5 N e o excesso foi titulado com solução de permanganato de potássio 0,1 N até o ponto final rosa.

3.9.7 Azoto total

O azoto foi determinado pelo método de digestão com ácido sulfúrico de Ginning e Hibbard e a destilação foi feita com o aparelho de macro Kjeldhal (Jackson, 1962).

3.9.8 Fósforo disponível

Cinco gramas de solo foram extraídos com uma solução de NaHCO3 0,5 M ajustada a pH 8,5. Cinco mL de filtrado límpido foram colocados num balão volumétrico de 100 mL e, em seguida, foram adicionados cinco mL de reagente de revelação de cor (ácido ascórbico). O volume foi completado até à marca. A leitura foi registada no espetrofotómetro (Milton Roy Company) utilizando comprimentos de onda de 880 nm com a ajuda da curva padrão (Watanabe e Olsen, 1965).

3.9.9 Potássio extraível

A extração foi feita com acetato de amónio (1 N de pH 7,0) e o potássio foi determinado utilizando o fotómetro de chama Jenway PFP-7 (Método 11a, U.S. Salinity lab. staff, 1954)

3.9.10 Crómio hexavalente

Para a medição do Cr(VI) total, 2 g de solo seco ao ar foram colocados em frascos de 50 mL e 40 mL de água régia (HCl : HNO3 = 3:1) foram adicionados a cada frasco. Os frascos foram deixados em repouso durante 16 h e a mistura foi digerida durante 2 h a 85° C. Deixou-se arrefecer a mistura digerida, filtrou-se, completou-se o volume até 50 ml com HNO3 e enviou-se para análise do Cr(VI). A concentração de Cr(VI) nos extractos aquosos foi medida pelo método colorimétrico da 1,5-difenilcarbazida, baseado no complexo púrpura formado pelo Cr(VI) na presença de 1,5-difenilcarbazida. A cor desenvolveu-se completamente após 15 minutos e a absorvância foi medida a 540 nm numa célula de vidro de 1 cm de comprimento utilizando um espetrofotómetro (Evolution 300 LC) (Gheju et al., 2009).

3.10 Análise de plantas

3.10.1 Teores de Cr(VI) em amostras de plantas

Após a colheita do trigo, as plantas foram separadas em diferentes partes, ou seja, raízes, caule e espigas. Estas partes das plantas foram limpas e secas em estufa a 80° C durante dois dias, de modo a obter um peso constante. Estas amostras de plantas foram incineradas numa mufla a 600°C durante 6 h. As amostras incineradas foram dissolvidas com uma mistura de HCl 2 M e HNO_3 1 M, filtradas e o volume final foi de 50 mL. Este filtrado foi analisado quanto ao teor de Cr(VI) utilizando 1,5-difenilcarbazida como reagente de desenvolvimento de cor. A cor púrpura foi obtida após 15 minutos devido à formação de complexos pelo Cr(VI) na presença de 1,5-difenilcarbazida. A absorvância foi medida a 540 nm utilizando um espetrofotómetro (Evolution 300 LC) (Gheju et al., 2009).

3.11 Análise estatística

Os dados foram analisados com recurso a um desenho completamente aleatório (CRD), seguindo os procedimentos padrão (Steel et al., 1997), utilizando o software Statistix 9.

Capítulo 4

Resultados

O presente estudo consistiu em experiências laboratoriais para isolar e caraterizar PGPR tolerantes ao Cr(VI) e para avaliar o seu efeito no trigo (*Triticum aestivum* L.) em solo contaminado com Cr(VI). As plantas de trigo (*Triticum aestivum* L.) têm geralmente maior biomassa fresca e seca de rebentos e raízes sem qualquer stress. Mas qualquer tipo de stress afecta significativamente muitos processos fisiológicos e acaba por reduzir o crescimento e o rendimento da cultura do trigo (*Triticum aestivum* L.). O stress causado por metais pesados é um dos stresses ambientais mais importantes que afectam a cultura do trigo (*Triticum aestivum* L.). Nesta experiência, diferentes dez isolados bacterianos tolerantes ao Cr(VI) foram caracterizados pelas suas actividades de promoção do crescimento das plantas. Foi realizada uma experiência laboratorial para avaliar o efeito do Cr(VI) na germinação de sementes e no crescimento de plântulas de trigo (*Triticum aestivum* L.). A inoculação de sementes de trigo com PGPR tolerantes ao Cr(VI) ajudou as plantas a lidar com o stress do Cr(VI). No entanto, o efeito prejudicial do Cr(VI) na planta de trigo (*Triticum aestivum* L.) foi altamente significativo nas plantas em que foram utilizadas sementes não inoculadas em vasos contaminados, em comparação com vasos não contaminados em que foram utilizadas sementes de trigo não inoculadas. O objetivo do estudo foi avaliar o efeito prejudicial do Cr(VI) no crescimento e rendimento do trigo (*Triticum aestivum* L.) e o papel das PGPR para diminuir este efeito prejudicial através das suas actividades promotoras de plantas. Os resultados são apresentados aqui.

4.1 Caracterização de isolados de rizobactérias selecionados

Cento e oitenta colónias discretas de rizobactérias tolerantes ao Cr(VI) foram isoladas através da técnica de enriquecimento. Após o isolamento, dez isolados bacterianos K-13, K-8, E-25, E-30, K-23, E-27, K-11, E-20, K-20 e K-10 foram selecionados com base na sua elevada capacidade de tolerância ao Cr(VI) para efeitos de caraterização.

4.1.1 Redução de cromato por isolados bacterianos

Os resultados relativos à redução de cromato mostraram (Figura-4.1) que todos os isolados bacterianos tinham capacidade de redução de cromato. A redução máxima de cromato (79%) foi observada com o isolado bacteriano K-13 e a redução mínima de cromato (19%) foi observada com o isolado K-

10, que foi estatisticamente não significativo com o isolado bacteriano K-20, que reduziu 21%

de cromato em comparação com o controlo (sem isolados bacterianos). O isolado K-8 também apresentou os melhores resultados, reduzindo 69% de cromato, enquanto os isolados E-30 e E-25 não foram estatisticamente significativos entre si no caso da redução de cromato, reduzindo 60% e 59% de cromato, respetivamente, em comparação com o controlo (sem isolados bacterianos).

4.1.2 Solubilização de fosfatos

Os isolados de rizobactérias tolerantes ao Cr(VI) selecionados foram avaliados qualitativamente quanto ao seu potencial para solubilizar fosfato inorgânico utilizando NBRI-RPM. Os resultados mostraram (Quadro 4.1) que, dos dez isolados de rizobactérias selecionados, nove tinham a capacidade de solubilizar fosfato inorgânico, enquanto apenas um isolado K-20 não era capaz de solubilizar fosfato inorgânico.

4.1.3 Atividade de oxidase

A atividade oxidativa de isolados selecionados de rizobactérias tolerantes ao Cr(VI) foi testada utilizando dicloridrato de tetrametil-p-fenilenodiamina. Os resultados mostraram (Quadro-4.1) que, dos dez isolados de rizobactérias selecionados, oito isolados produziram a enzima citocromo oxidase, enquanto apenas dois isolados (E-30 e K-20) não foram capazes de produzir a enzima citocromo oxidase.

4.1.4 Atividade da catalase

Os resultados (Quadro 4.1) relativos à produção da enzima catalase mostraram que todos os isolados de rizobactérias tolerantes ao Cr(VI) foram positivos, produzindo bolhas ao adicionar 2-3 gotas de H2O2 nas células das bactérias colocadas numa lâmina de vidro.

4.1.5 Atividade da quitinase

A atividade de quitinase dos isolados selecionados foi medida e os resultados mostraram (Quadro-4.1) que, dos dez isolados de rizobactérias, seis isolados (K-8, E-25, K-23, K-11, E-20 e K-10) foram positivos, enquanto os restantes isolados (K-13, E-30, E-27 e K-20) foram negativos em relação à atividade de quitinase.

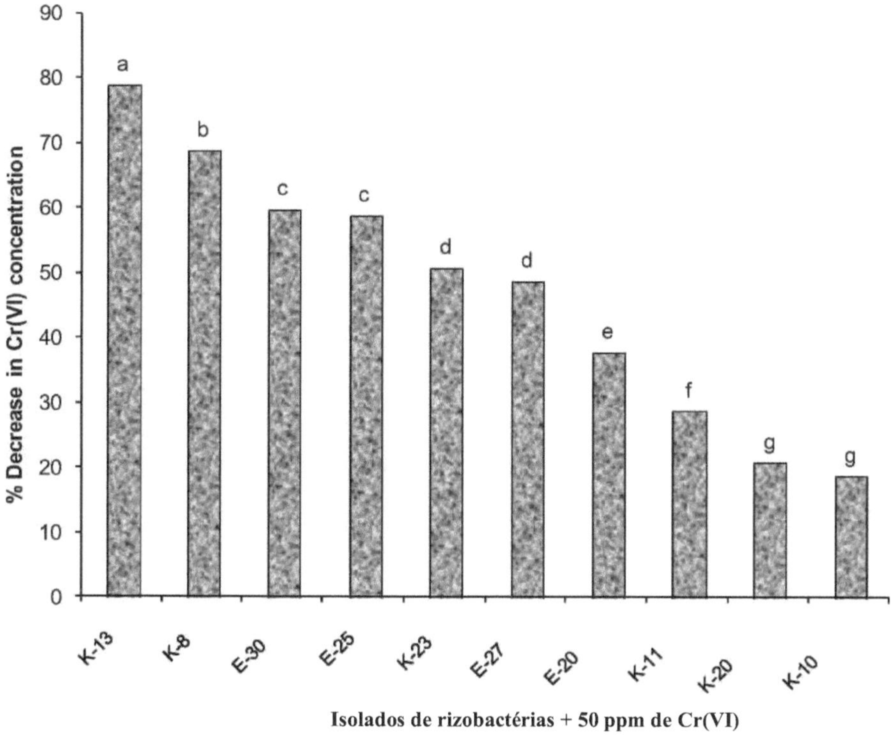

As barras que partilham a mesma letra (s) não são estatisticamente significativas de acordo com o teste de intervalo múltiplo de Duncan ($p<0,05$)

Figura-4.1: Redução de cromato *in-vitro* por isolados bacterianos

Tabela 4.1: Resultados da caraterização de isolados de rizosbactérias tolerantes ao Cr(VI)

Isolar a identidade	Solubilização de fosfatos	Atividade da catalase	Atividade de oxidase	Redução de cromatos	Atividade da quitinase
K-13	+ve	+ve	+ve	+ve	-ve
K-8	+ve	+ve	+ve	+ve	+ve
E-25	+ve	+ve	+ve	+ve	+ve
E-30	+ve	+ve	-ve	+ve	-ve
K-23	+ve	+ve	+ve	+ve	+ve
E-27	+ve	+ve	+ve	+ve	-ve
E-20	+ve	+ve	+ve	+ve	+ve
K-11	+ve	+ve	+ve	+ve	+ve
K-20	-ve	+ve	-ve	+ve	-ve
K-10	+ve	+ve	+ve	+ve	+ve

4.2 Experiência de laboratório

4.2.1 Efeito do Cr(VI) na germinação das sementes e no crescimento das plântulas de trigo *(Triticum aestivum* L.)

4.2.1.1 Germinação de sementes

Os resultados (Figura-4.2) relativos ao efeito do Cr(VI) na germinação de sementes mostraram que a variedade de trigo FSD-2008 era altamente tolerante ao stress do Cr(VI) na fase de germinação e apresentou 100% de germinação de sementes até uma concentração de 100 ug ml.-' concentração de Cr(VI).

4.2.1.2 Duração do disparo

O efeito de diferentes concentrações de crómio hexavalente no comprimento dos rebentos é claramente evidente na figura 4.3. Os resultados mostraram que o aumento da concentração de crómio hexavalente de 0 a 100 ug mL^{-1} diminuiu significativamente o comprimento dos rebentos. O comprimento máximo dos rebentos foi observado no tratamento de controlo (sem Cr^{+6} adicionado). A redução máxima (75%) no comprimento dos brotos foi observada a 100 ug mL^{-1} Cr(VI) e a redução mínima (20%) foi observada na concentração de 10 ug mL^{-1} Cr(VI) em comparação com as mudas cultivadas sem Cr(VI). A redução no comprimento do broto com 20, 50 e 80 ug mL^{-1} Cr(VI) foi de 36%, 51% e 64%, respetivamente, em comparação com as mudas cultivadas sem Cr(VI). Todos os tratamentos foram estatisticamente significativos em comparação com as plântulas cultivadas sem Cr(VI).

4.2.1.3 Comprimento da raiz

Os dados relativos ao comprimento da raiz são apresentados na figura 4.4. Ao aumentar a concentração de Cr(VI) de 0 para 100 ug mL^{-1} , foi observada uma diminuição significativa no comprimento da raiz. O decréscimo máximo (90%) no comprimento da raiz foi observado a 100 ug mL^{-1} Cr(VI) e o decréscimo mínimo (48%) foi observado a 10 ug mL^{-1} concentração de Cr(VI) em comparação com as plântulas cultivadas sem Cr(VI). Em relação ao comprimento da raiz, foi observada a mesma tendência de redução do comprimento do broto, mas o efeito do Cr(VI) no comprimento da raiz foi mais severo do que no comprimento do broto. A redução no comprimento da raiz a 20, 50 e 80 ug mL^{-1} A concentração de Cr(VI) foi de 59%, 82% e 86%, respetivamente, em comparação com as plântulas cultivadas sem Cr(VI). Em comparação com as plântulas cultivadas sem Cr(VI), ocorreu uma redução estatisticamente significativa no comprimento da raiz como resultado da contaminação.

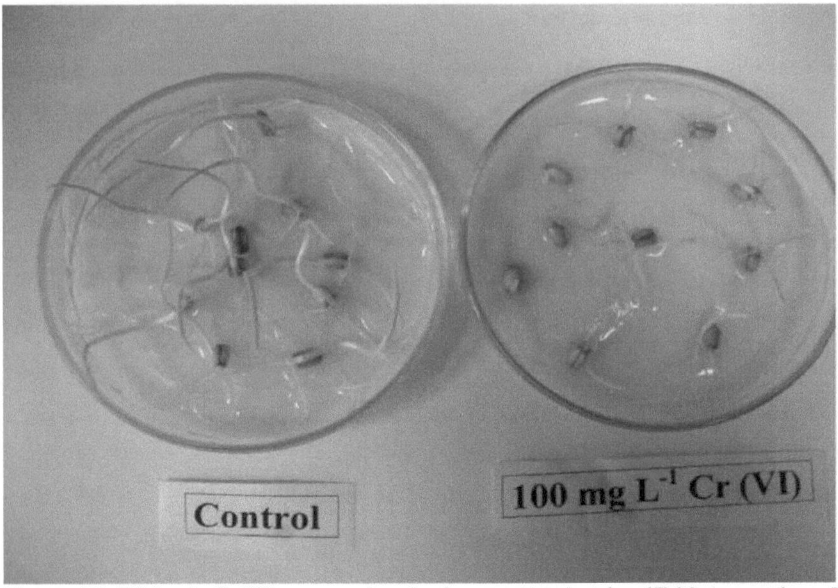

Figura 4.2: Efeito do Cr(VI) na germinação de sementes de trigo (*Triticum aestivum* L.)

4.2.1.4 Peso fresco

O efeito do Cr(VI) no peso fresco de plântulas com sete dias de idade foi altamente significativo em comparação com o controlo mostrado na figura-4.6. Os resultados revelaram que ao aumentar a concentração de Cr(VI)) de 0 a 100 ug mL^{-1} , houve uma diminuição significativa no peso fresco da plântula. O peso fresco máximo foi registado no tratamento em que as plântulas cresceram sem Cr(VI). A redução máxima (70%) no peso fresco foi observada a 100 ug mL^{-1} Cr(VI) e a diminuição mínima (37%) no peso fresco foi observada a 10 ug mL^{-1} concentração de Cr(VI) em comparação com as plântulas cultivadas sem Cr(VI). O peso fresco da plântula diminuiu 47%, 58% e 65% a 20, 50 e 80 ug mL^{-1} de concentração de Cr(VI), respetivamente, em comparação com as plântulas cultivadas sem Cr(VI). Todos os tratamentos foram estatisticamente significativos no caso do peso fresco em comparação com as plântulas cultivadas sem Cr(VI).

4.2.1.5 Peso seco

Os resultados relativos ao peso seco das plântulas com sete dias de idade também mostraram uma redução no peso seco das plântulas com o aumento da concentração de Cr(VI) de 0 a 100 ug mL^{-1} . Houve uma diminuição significativa no peso seco das plântulas em comparação com o tratamento em que as plântulas cresceram sem Cr(VI), conforme mostrado na figura-4.7. Os resultados mostraram que o peso seco máximo das plântulas foi no tratamento em que as plântulas cresceram sem Cr(VI). Enquanto que a redução máxima (61%) no peso seco das plântulas foi observada a 100 ug mL^{-1} Cr(VI) e a redução mínima (29%) no peso seco das plântulas foi observada a 10 mg L^{-1}

Cr(VI) em comparação com as plântulas cultivadas sem Cr(VI). A redução do peso seco das plântulas a 20, 50 e 80 ug mL^{-1} de concentração de Cr(VI) foi de 37%, 45% e 52%, respetivamente. Todos os tratamentos foram estatisticamente significativos no caso do peso seco em comparação com o tratamento em que as plântulas cresceram sem Cr(VI).

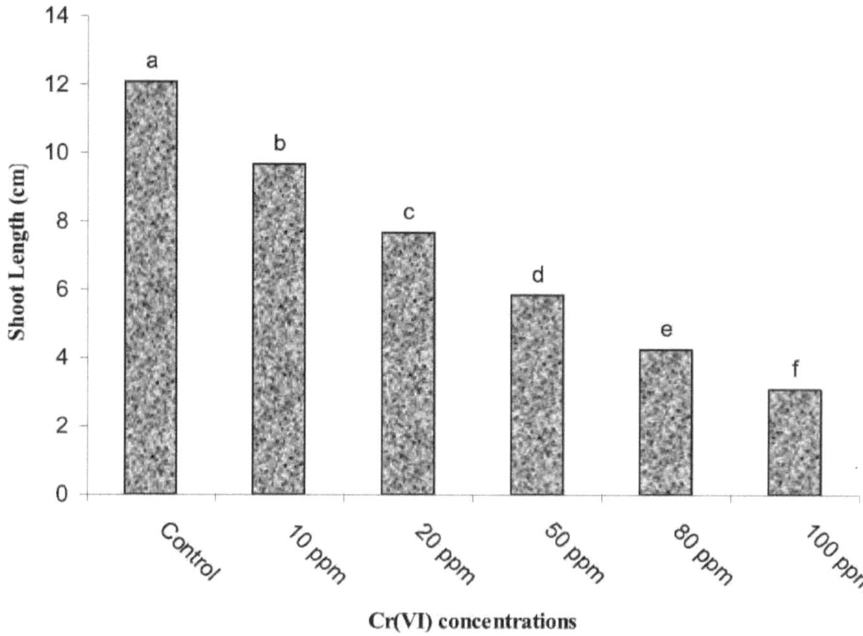

As barras que partilham a mesma letra (s) não são estatisticamente significativas de acordo com o teste de intervalo múltiplo de Duncan ($p<0,05$)

Figura-4.3: Efeito de diferentes concentrações de Cr(VI) no comprimento de rebentos de sete dias

plântulas de trigo velho (*Triticum aestivum* L.).

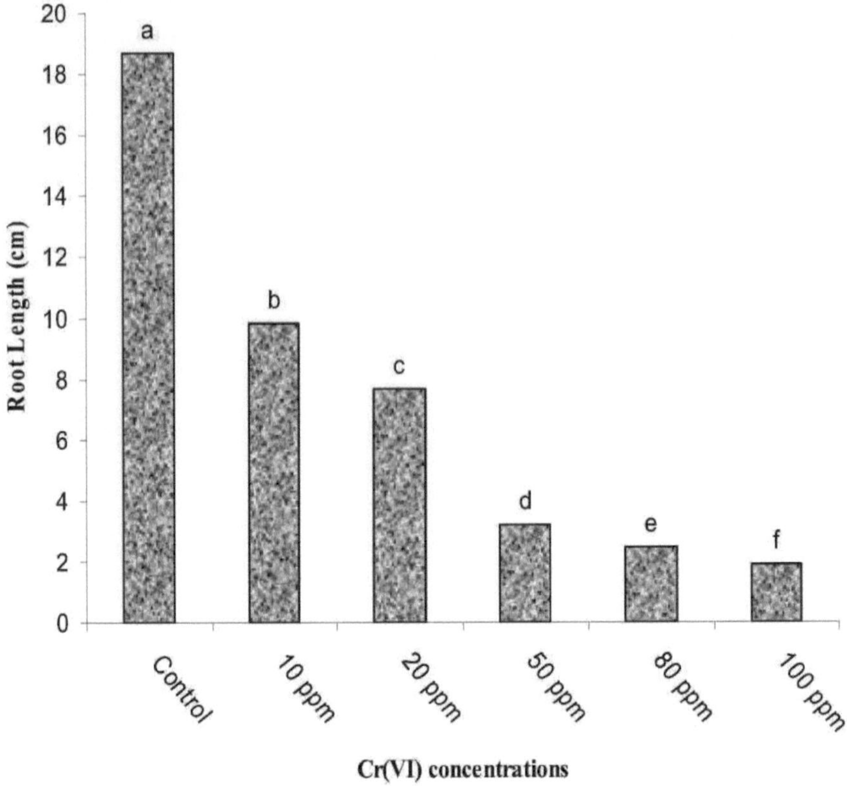

As barras que partilham a mesma letra (s) não são estatisticamente significativas de acordo com o teste de intervalo múltiplo de Duncan ($p<0,05$)

Figura-4.4: Efeito de diferentes concentrações de Cr(VI) no comprimento da raiz de plântulas de trigo (*Triticum aestivum* L.) com sete dias de idade.

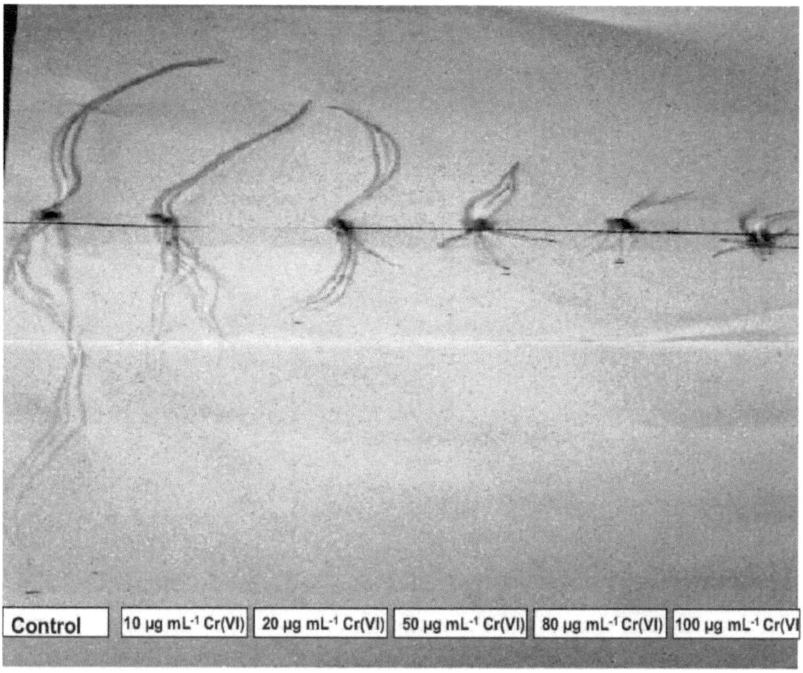

Figura-4.5: Efeito de diferentes concentrações de Cr(VI) no crescimento e desenvolvimento de plântulas de trigo (Triticum aestivum L.) com sete dias de idade

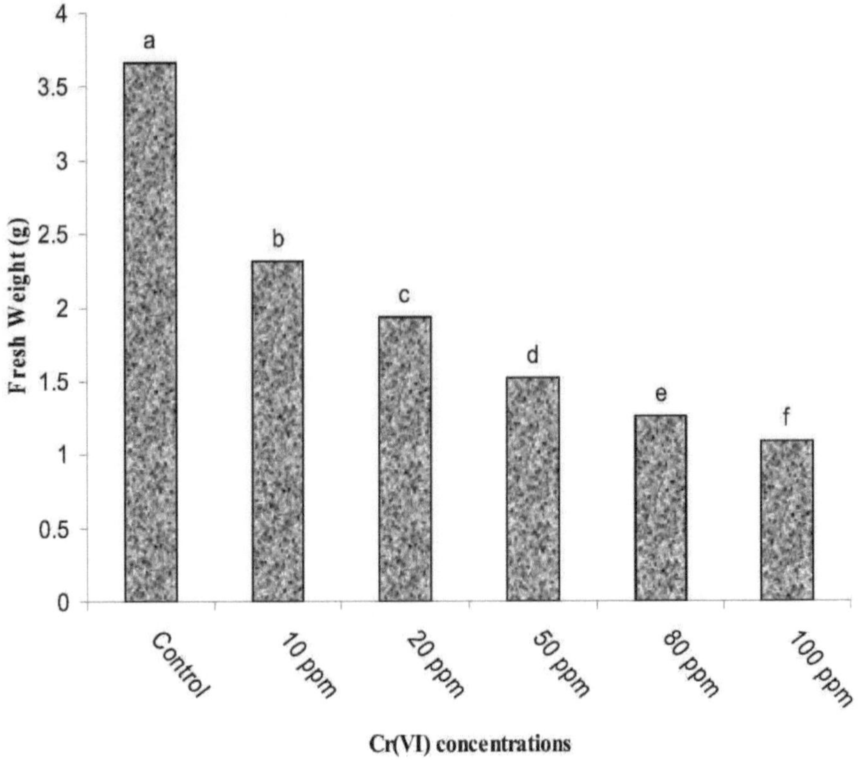

As barras que partilham a mesma letra (s) não são estatisticamente significativas de acordo com o teste de intervalo múltiplo de Duncan (p<0,05)

Figura-4.6: Efeito de diferentes concentrações de Cr(VI) no peso fresco de plântulas de trigo (*Triticum aestivum* L.) com sete dias de idade.

As barras que partilham a mesma letra (s) não são estatisticamente significativas de acordo com o teste de intervalo múltiplo de Duncan ($p<0,05$)

Figura-4.7: Efeito de diferentes concentrações de Cr(VI) no peso seco de plântulas de trigo (*Triticum aestivum* L.) com sete dias de idade.

4.3 Experimento com vaso

4.3.1 Efeito de rizobactérias promotoras do crescimento de plantas no crescimento e rendimento do trigo (*Triticum aestivum* L.) em solo contaminado com crómio

4.3.1.1 Duração do disparo

Os resultados relativos ao comprimento do rebento (Figura-4.8) mostraram que o Cr(VI) diminuiu significativamente o comprimento do rebento em comparação com plantas não inoculadas cultivadas em vasos não contaminados. Observou-se uma redução máxima (82%) do comprimento dos rebentos nas plantas não inoculadas cultivadas em vasos contaminados, em comparação com as plantas não inoculadas cultivadas em vasos não contaminados. No entanto, a inoculação de plantas de trigo com isolados de PGPR tolerantes ao Cr(VI) melhorou o comprimento dos rebentos sob o mesmo nível de stress de Cr(VI) em comparação com plantas não inoculadas cultivadas em vasos contaminados. Em comparação com plantas não inoculadas cultivadas sob stress de Cr(VI), a inoculação com o isolado de rizobactéria tolerante ao Cr(VI) (K-13) aumentou o comprimento dos rebentos até 3 vezes, o que não foi estatisticamente significativo em relação ao isolado de rizobactéria tolerante ao Cr(VI) K-8 (2,98 vezes). Foi observado um aumento mínimo (69 % superior ao das plantas não inoculadas cultivadas em vasos contaminados) no comprimento dos rebentos com o isolado K-10. Noutras plantas inoculadas cultivadas em vasos contaminados também melhoraram significativamente o comprimento dos rebentos até 2,26, 2,00, 1,54, 1,24, 1,08, 1,06, 0,88 e 0,69 vezes em comparação com plantas não inoculadas cultivadas em stress de Cr(VI). No entanto, a recuperação do stress de Cr(VI) por inoculação com PGPR tolerante ao Cr(VI) foi sempre inferior a 100 %.

4.3.1.2 Peso fresco do rebento

É claramente observável a partir da figura-4.10 que o efeito do Cr(VI) diminuiu significativamente o peso fresco do rebento em comparação com plantas não inoculadas cultivadas em vasos não contaminados. O peso fresco máximo do rebento foi observado em plantas não inoculadas cultivadas em vasos não contaminados, que foi 50,25 vezes mais do que plantas não inoculadas cultivadas em vasos contaminados. Os resultados mostraram que a inoculação de sementes com isolados de rizobactérias tolerantes ao Cr(VI) melhorou significativamente o peso fresco dos rebentos em condições de stress de Cr(VI). As plantas inoculadas com o isolado K-8 apresentaram os melhores resultados no que respeita ao peso fresco dos rebentos, tendo sido observado um aumento de 26,38 vezes do peso fresco dos rebentos em relação às plantas não inoculadas cultivadas em vasos contaminados. A comparação com plantas não inoculadas cultivadas em vasos não contaminados também mostrou que as plantas inoculadas com o isolado K-8 foram as melhores, apresentando uma redução mínima (46%) no peso fresco dos rebentos. A redução máxima (98%) no peso fresco do rebento foi observada em plantas inoculadas com o isolado K-20, que foi estatisticamente não significativa com plantas não inoculadas cultivadas em vasos contaminados. Todas as outras plantas inoculadas com isolados de rizobactérias tolerantes ao Cr(VI) foram estatisticamente significativas em relação às plantas não inoculadas cultivadas em vasos contaminados. Sem dúvida, o peso fresco dos rebentos aumentou com a inoculação sob stress de Cr(VI), mas a recuperação foi sempre inferior a 100%.

4.3.1.3 Peso seco do rebento

É claramente óbvio a partir dos dados (Figura-4.11) que a contaminação com Cr(VI) reduziu significativamente o peso seco do rebento em comparação com plantas não inoculadas cultivadas em vasos não contaminados. O peso seco de rebentos máximo (56,54 vezes mais do que as plantas não inoculadas cultivadas em vasos contaminados) foi observado em plantas não inoculadas cultivadas em vasos não contaminados. A inoculação com isolados de rizobactérias tolerantes ao Cr(VI) fez avançar o crescimento das plantas e o peso seco dos rebentos em condições de contaminação por Cr(VI). As plantas inoculadas com o isolado K-8 também tiveram um melhor desempenho no que respeita ao peso seco dos rebentos e aumentaram 27,19 vezes o peso seco dos rebentos em comparação com as plantas não inoculadas cultivadas em vasos contaminados. A redução máxima (98%) do peso seco dos rebentos foi registada em plantas inoculadas com o isolado K-20 em comparação com plantas não inoculadas cultivadas em vasos não contaminados. As plantas inoculadas com o isolado K-20 também não foram estatisticamente significativas em relação às plantas não inoculadas cultivadas em vasos contaminados. Todas as outras plantas inoculadas com isolados de rizobactérias tolerantes ao Cr(VI) foram estatisticamente significativas em relação às plantas não inoculadas cultivadas em vasos contaminados. Embora as PGPR tolerantes ao Cr(VI) tenham melhorado o peso seco dos rebentos, este manteve-se sempre inferior a 100%.

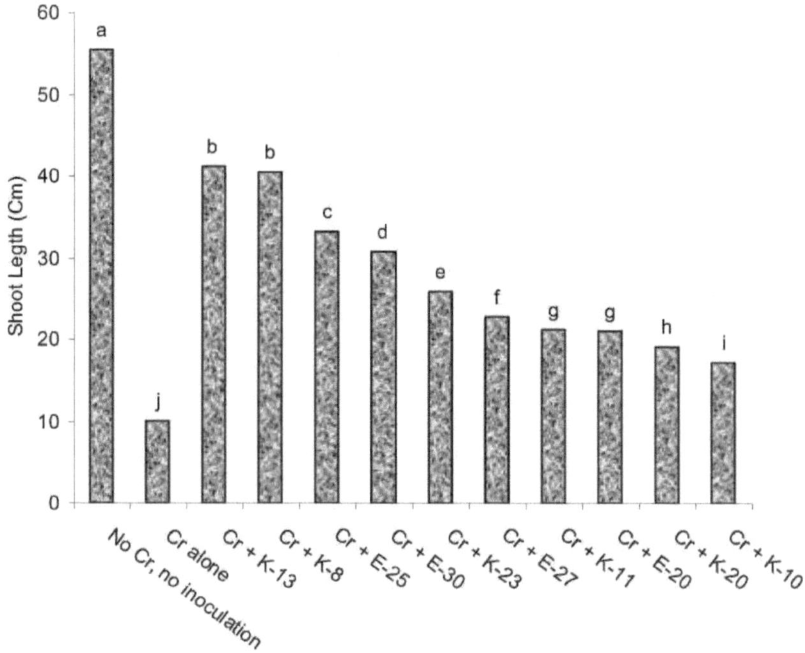

As barras que partilham a mesma letra (s) não são estatisticamente significativas de acordo com o teste de intervalo múltiplo de Duncan ($p<0,05$)

O Cr foi aplicado como K2Cr2O7 para manter a concentração de 20 ppm de Cr(VI)

Figura-4.8: Efeito das PGPR tolerantes ao Cr(VI) no comprimento dos rebentos do trigo (*Triticum aestivum* L.) em solos contaminados com crómio.

O Cr foi aplicado como $K_2Cr_2O_7$ para manter a concentração de 20 ppm de Cr(VI)

Figura-4.9: Efeito do isolado K-8 no crescimento e desenvolvimento do trigo contaminado com crómio

solo.

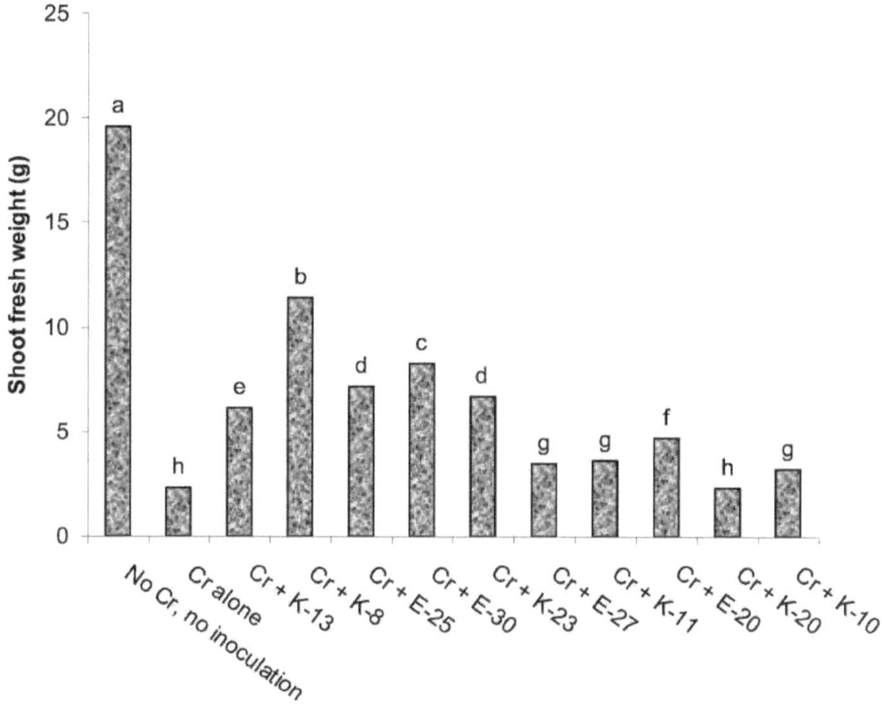

As barras que partilham a mesma letra (s) não são estatisticamente significativas de acordo com o teste de intervalo múltiplo de Duncan ($p<0,05$)

O Cr foi aplicado como K2Cr2O7 para manter a concentração de 20 ppm de Cr(VI)

Figura-4.10: Efeito das PGPR tolerantes ao Cr(VI) no peso fresco dos rebentos de trigo (*Triticum* *aestivum* L.) em solos contaminados com crómio.

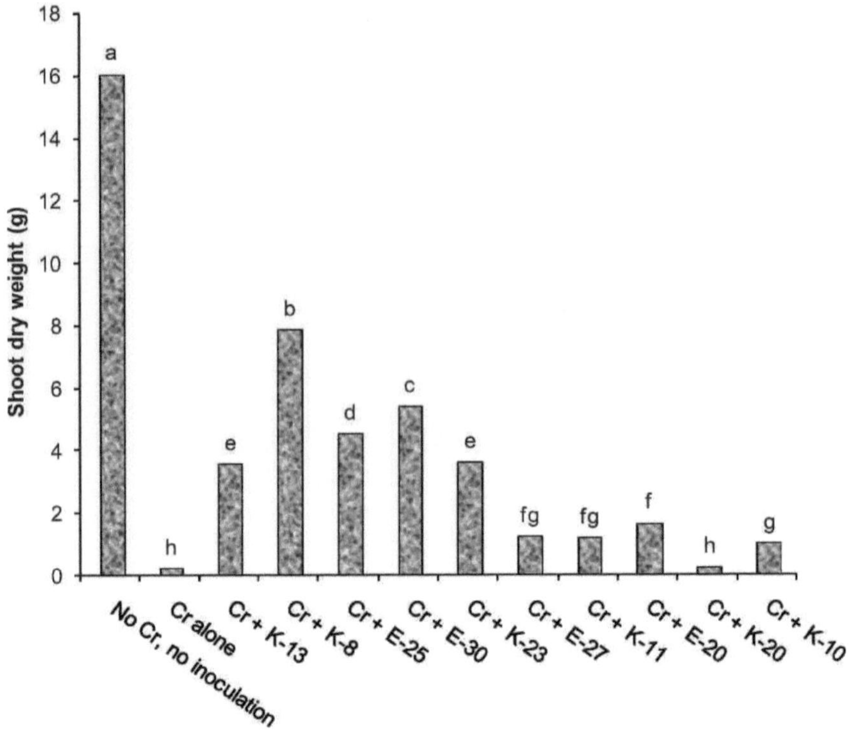

As barras que partilham a mesma letra (s) não são estatisticamente significativas de acordo com o teste de intervalo múltiplo de Duncan ($p<0,05$)

O Cr foi aplicado como K2Cr2O7 para manter a concentração de 20 ppm de Cr(VI)

Figura-4.11: Efeito das PGPR tolerantes ao Cr(VI) no peso seco dos rebentos de trigo (*Triticum aestivum* L.) em solos contaminados com crómio.

4.3.1.4 Peso fresco da raiz

Os dados (Figura-4.12) mostram claramente que o Cr(VI) diminuiu significativamente o peso fresco da raiz em comparação com plantas não inoculadas cultivadas em vasos não contaminados. O peso fresco máximo da raiz foi registado em plantas não inoculadas cultivadas em vasos não contaminados que mostraram um crescimento normal e máximo em comparação com todos os tratamentos contaminados. A redução máxima (92%) no peso fresco da raiz foi registada em plantas não inoculadas cultivadas em vasos contaminados que foram severamente afectadas pela contaminação com Cr(VI). No entanto, a inoculação de sementes com isolados de rizobactérias Cr(VI) melhorou o crescimento da raiz em condições contaminadas. As plantas inoculadas com os isolados K-8 e K-13 apresentaram melhores resultados em comparação com todos os outros isolados e ajudaram as plantas a lidar com a contaminação, diminuindo o efeito de redução do peso fresco da raiz do Cr(VI) de 92% (plantas não inoculadas cultivadas em vasos contaminados) para 35% e 39%, respetivamente, em comparação com plantas não inoculadas cultivadas em vasos não contaminados. Todos os tratamentos com inoculação foram estatisticamente significativos no caso do peso fresco da raiz em comparação com plantas não inoculadas cultivadas em vasos contaminados. No entanto, a recuperação de Cr(VI) por inoculação com isolados de PGPR foi sempre inferior a 100%.

4.3.1.5 Peso seco da raiz

É evidente a partir dos dados (Figura-4.14) que o peso seco da raiz também foi severamente afetado pela contaminação com Cr(VI) em comparação com plantas não inoculadas cultivadas em vasos não contaminados. O peso seco máximo da raiz foi registado em plantas não inoculadas cultivadas em vasos não contaminados, onde as plantas apresentaram um crescimento normal e máximo. Foi observado um peso seco de raiz mínimo em plantas não inoculadas cultivadas em vasos contaminados, que foi 93% inferior ao peso seco de raiz de plantas não inoculadas cultivadas em vasos não contaminados. No entanto, a inoculação de plantas com isolados de rizobactérias tolerantes ao Cr(VI) melhorou significativamente o crescimento da planta e o peso seco da raiz em comparação com plantas não inoculadas cultivadas em vasos contaminados. As plantas inoculadas com os isolados K-8 e K-13 mostraram novamente os melhores resultados em comparação com todas as outras plantas inoculadas e mostraram uma redução mínima (37% e 40% respetivamente) no peso seco da raiz em comparação com plantas não inoculadas cultivadas em vasos não contaminados. Em comparação com as plantas não inoculadas cultivadas em vasos contaminados, as plantas inoculadas com os isolados K-8 e

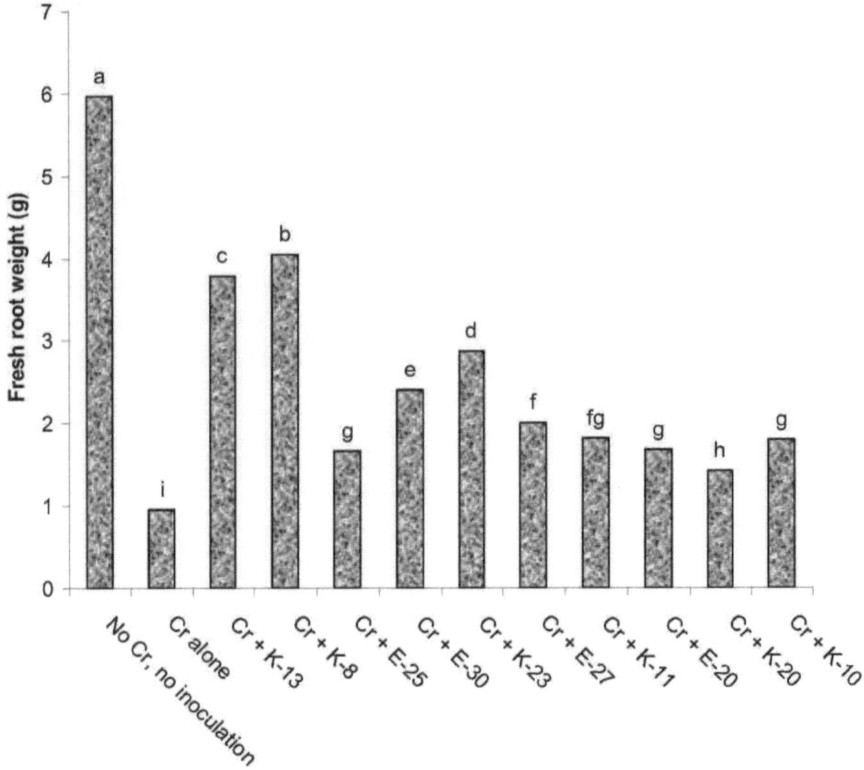

As barras que partilham a mesma letra (s) não são estatisticamente significativas de acordo com o teste de intervalo múltiplo de Duncan ($p<0,05$)

O Cr foi aplicado como K2Cr2O7 para manter a concentração de 20 ppm de Cr(VI)

Figura-4.12: Efeito da PGPR tolerante ao Cr(VI) no peso fresco da raiz do trigo (*Triticum aestivum* L.) em solos contaminados com crómio.

O Cr foi aplicado como K2Cr2O7 para manter a concentração de 20 ppm de Cr(VI)

Figura-4.13: Efeito do isolado K-8 no crescimento e desenvolvimento do trigo (*Triticum aestivum* L.) em solo contaminado com crómio.

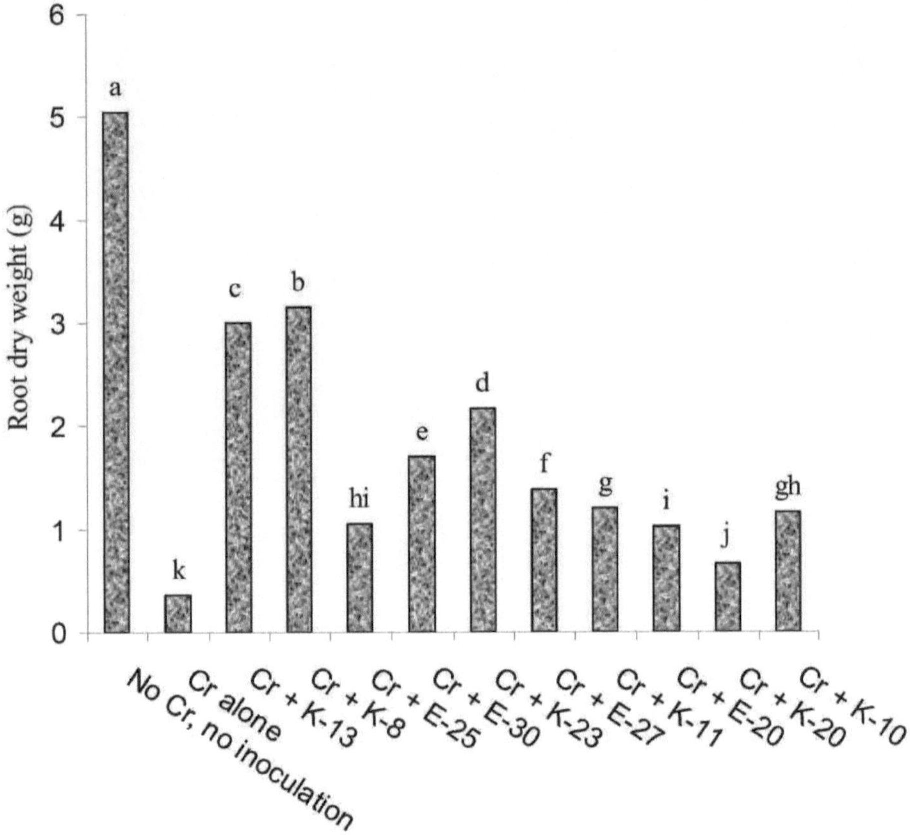

As barras que partilham a mesma letra (s) não são estatisticamente significativas de acordo com o teste de intervalo múltiplo de Duncan ($p<0,05$)

O Cr foi aplicado como K2Cr2O7 para manter a concentração de 20 ppm de Cr(VI)

Figura-4.14: Efeito da PGPR tolerante ao Cr(VI) no peso seco da raiz do trigo (*Triticum aestivum* L.) em solos contaminados com crómio

K-13 também mostrou um aumento máximo (7,8 e 7,3 vezes, respetivamente) no peso seco da raiz. Todas as outras plantas inoculadas com isolados de rizobactérias tolerantes ao Cr(VI) foram estatisticamente significativas em relação às plantas não inoculadas cultivadas em vasos contaminados.

4.3.1.6 Comprimento do espigão

Os dados relativos ao comprimento da espiga (Tabela-4.2) revelaram que o Cr(VI) afectou significativamente o comprimento da espiga e até não se formaram espigas em plantas não inoculadas cultivadas em vasos contaminados. No entanto, a inoculação de plantas de trigo com isolados de PGPR tolerantes ao Cr(VI) melhorou significativamente o comprimento da espiga sob stress de Cr(VI) em comparação com plantas não inoculadas cultivadas em vasos contaminados. Em todas as plantas inoculadas com isolados de rizobactérias tolerantes ao Cr(VI), observaram-se espigas em condições de stress por Cr(VI), exceto quando se utilizou o isolado K-10. As plantas inoculadas com o isolado K-10 tolerante ao Cr(VI) não foram estatisticamente significativas em relação às plantas não inoculadas cultivadas em vasos contaminados. Nos tratamentos em que se formaram espigas, as plantas em que se utilizou o isolado rizobacteriano K-8 tolerante ao Cr(VI) apresentaram melhores resultados, mostrando uma redução mínima (20%) no comprimento das espigas em comparação com as plantas não inoculadas cultivadas sem contaminação por Cr(VI). As plantas inoculadas com o isolado de rizobactéria K-8 tolerante ao Cr(VI) não foram estatisticamente significativas em relação às plantas inoculadas com o isolado de rizobactéria K-13 tolerante ao Cr(VI) (redução de 25 %). Todos os outros tratamentos foram estatisticamente significativos em comparação com plantas não inoculadas cultivadas em vasos contaminados.

4.3.1.7 Número de espiguetas espiga^{-1}

O Cr(VI) também afectou significativamente o número de espiguetas por espiga (Tabela-4.2). Plantas não inoculadas cultivadas em vasos não contaminados tiveram um número máximo de espiguetas por espiga em comparação com todas as plantas cultivadas em condições de stress de Cr(VI). No entanto, a inoculação com isolados de PGPR tolerantes ao Cr(VI) aumentou o crescimento da planta e o número de espiguetas por espiga em comparação com plantas não inoculadas cultivadas em condições contaminadas. Em geral, observou-se um efeito estatisticamente semelhante no caso de plantas inoculadas com isolados de rizobactérias tolerantes ao Cr(VI) K-8 e K-13 e estas mostraram um decréscimo mínimo (28% e 32% respetivamente) no número de espiguetas por espiga em comparação com plantas não inoculadas cultivadas em vasos não contaminados. As plantas inoculadas com o isolado de rizobactéria tolerante ao Cr(VI) K-10 não foram estatisticamente significativas em relação às plantas não inoculadas cultivadas em vasos contaminados. Outros isolados de rizobactérias também ajudaram as plantas a lidar com o efeito inibitório do Cr(VI), diminuindo a redução do número de espiguetas por espiga até 47%, 52%, 60%, 65% e 67% em comparação com plantas não inoculadas cultivadas em solo não contaminado. Embora a melhoria do número de espiguetas por espiga por inoculação sob stress de Cr(VI) tenha sido proeminente, manteve-se inferior a 100% em todos os isolados.

4.3.1.8 Rendimento de grãos

Os dados (Quadro 4.2) revelam que o rendimento do grão também foi severamente afetado pelo Cr(VI). Os resultados mostraram que não se registou qualquer rendimento em plantas não inoculadas cultivadas em vasos contaminados. O rendimento máximo foi observado em plantas não inoculadas cultivadas em vasos não contaminados, onde se observou um crescimento normal e máximo das plantas. No entanto, a inoculação de plantas com isolados de PGPR tolerantes ao Cr(VI) aumentou significativamente o rendimento de grãos em vasos contaminados em comparação com plantas não inoculadas cultivadas em vasos contaminados. Dos dez isolados, apenas cinco isolados (K-8, E-25, K-13, E-30 e K-23) ajudaram as plantas a produzir sob stress de Cr(VI). Foi observada uma redução mínima (85%) na produção com o isolado K-8, que foi estatisticamente não significativa com o isolado E-25. As restantes plantas inoculadas com isolados (E-20, E-27, K-10, K-11 e K-20) não foram estatisticamente significativas em relação ao controlo não inoculado e contaminado.

4.3.1.9 Peso de 1000 grãos

Nas plantas inoculadas em que se observou rendimento, o peso de 1000 grãos também variou com os diferentes isolados (Quadro 4.2). O peso máximo de 1000 grãos foi registado em plantas não inoculadas cultivadas em vasos não contaminados. A inoculação com isolados de PGPR tolerantes ao Cr(VI) melhorou o rendimento e o peso dos grãos sob condições de stress do Cr(VI). Foi observada uma diminuição mínima (49%) no peso de 1000 grãos com o isolado K-8 em comparação com o controlo não inoculado e não contaminado. As plantas inoculadas com os isolados K-13 e E-25 não foram estatisticamente significativas entre si no caso do peso de 1000 grãos. Os tratamentos com os isolados (E-20, E-27, K-10, K-11 e K-20) não foram estatisticamente significativos em relação às plantas não inoculadas cultivadas em vasos contaminados.

Quadro 4.2: Efeito de PGPR tolerantes ao Cr(VI) no comprimento da espiga (cm), número de espiguetas por espiga, rendimento de grãos por vaso (g) e peso de 1000 grãos (g) de trigo (*Triticum aestivum* L.) em solo contaminado com crómio.

Tratamentos	Comprimento do espigão (cm)	N.º de espiguetas por espiga	Peso de 1000 grãos (g)	Rendimento de grãos por vaso (g)
Sem Cr, sem inoculação	9.50±0.28 a	15.33±0.33 a	28.90±4.91 a	5.68±0.22 a
Cr(VI) isolado	0.00±0.00 f	0.00±0.00 f	0.00±0.00 f	0.00±0.00 d
Cr + K-13	7.03±0.14 b	10.33±0.33 b	13.58±1.02 c	0.62±0.003 c

Cr + K-8	7.51±0.15 b	11.00±0.00 b	14.73±1.47 b	0.83±0.005 b
Cr + E-25	5,03±0,17 cd	7.33±1.20 c	13.47±3.70 c	0,71±0,009 bc
Cr + E-30	5.56±0.23 c	8.00±0.00 c	12.49±1.31 d	0.59±0.01 c
Cr + K-23	5.16±0.27 c	8.00±0.57 c	10.87±1.56 e	0.54±0.008 c
Cr + E-27	4.00±0.28 e	5.00±0.00 e	0.00±0.00 f	0.00±0.00 d
Cr + K-11	4.00±0.17 e	5.00±0.00 e	0.00±0.00 f	0.00±0.00 d
Cr + E-20	4,50±0,20 de	6.00±0.33 d	0.00±0.00 f	0.00±0.00 d
Cr + K-20	3.96±0.28 e	5,33±0,00 de	0.00±0.00 f	0.00±0.00 d
Cr + K-10	0.00±0.00 f	0.00±0.00 f	0.00±0.00 f	0.00±0.00 d

O Cr foi aplicado como K2Cr2O7 para manter a concentração de 20 ppm de Cr(VI)

Cada valor é uma média de 3 repetições ± E.S. e as médias que partilham a mesma letra (s) não são estatisticamente significativas de acordo com o teste de intervalo múltiplo de Duncan (p<0,05)

4.3.1.10 Concentração de Cr(VI) nos rebentos

No que diz respeito à absorção e translocação do Cr(VI) para as partes superiores da planta, o Cr(VI) não se encontrava numa gama detetável nos rebentos de plantas não inoculadas cultivadas em vasos não contaminados (Figura-4.15). No entanto, a análise dos rebentos das plantas mostrou que se observou uma concentração significativa de Cr(VI) nos rebentos das plantas não inoculadas cultivadas em vasos contaminados. A inoculação de plantas com isolados de rizobactérias tolerantes ao Cr(VI) diminuiu a concentração de Cr(VI) nos rebentos em comparação com plantas não inoculadas cultivadas em vasos contaminados. Em comparação com plantas não inoculadas cultivadas em stress de Cr(VI), a diminuição máxima (60%) na concentração de Cr(VI) nos rebentos foi observada com o isolado K-8 e a diminuição mínima (4%) na concentração de Cr(VI) nos rebentos foi observada com o isolado K-10. As plantas inoculadas com os isolados K-13, E-30, K-23 e E-25 também apresentaram melhores resultados, diminuindo 59%, 53%, 50% e 48%, respetivamente, da concentração de Cr(VI) nos rebentos, em comparação com as plantas não inoculadas cultivadas em stress de Cr(VI). Todas as plantas inoculadas foram estatisticamente significativas em relação às plantas não inoculadas cultivadas em vasos contaminados.

4.3.1.11 Concentração de Cr(VI) nas raízes

Os dados (Figura-4.17) relativos à concentração de Cr(VI) nas raízes indicam que o Cr(VI) não se encontrava numa gama detetável nas raízes de plantas não inoculadas cultivadas em vasos não contaminados. A concentração máxima de Cr(VI) nas raízes das plantas foi observada no controlo não inoculado e contaminado. A inoculação de sementes com isolados de rizobactérias tolerantes ao Cr(VI) diminuiu a concentração de Cr(V) nas raízes. A diminuição máxima (36%) na concentração de Cr(VI) nas raízes foi observada com o isolado K-8 e a diminuição mínima (3%) na concentração de Cr(VI) nas raízes foi registada com o isolado K-11 em comparação com plantas não inoculadas cultivadas em vasos contaminados. Os isolados K-13, E-25, E-30 e K-23 causaram uma diminuição de 34%, 33%, 32% e 30% na concentração de Cr(VI) nas raízes em comparação com plantas não inoculadas cultivadas em vasos contaminados. Os isolados K-11 e K-20 não foram estatisticamente significativos relativamente aos resultados da concentração de Cr(VI) nas raízes. Todos os tratamentos inoculados foram estatisticamente significativos no que respeita à concentração de Cr(VI) nas raízes em comparação com as plantas não inoculadas cultivadas em vasos contaminados.

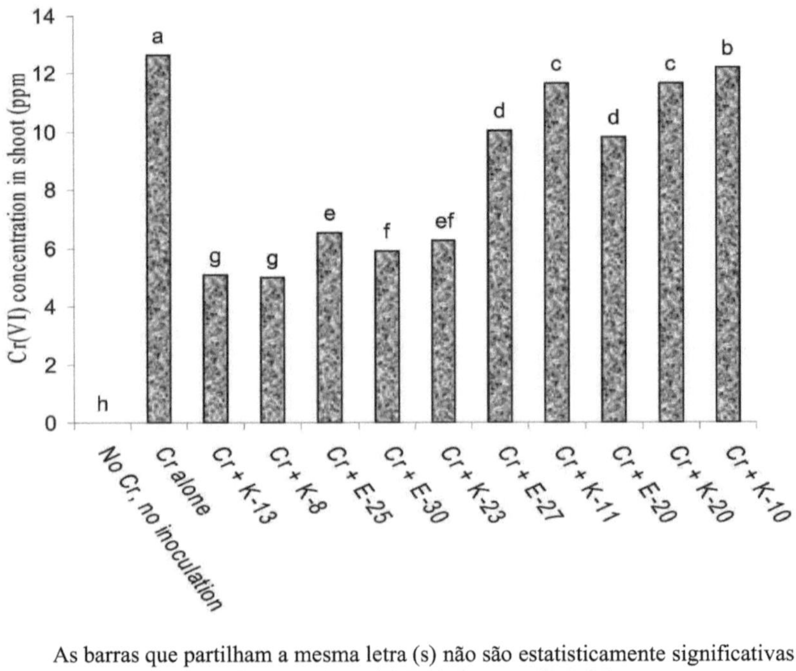

As barras que partilham a mesma letra (s) não são estatisticamente significativas de acordo com o teste de intervalo múltiplo de Duncan (p<0,05)

O Cr foi aplicado como K2Cr2O7 para manter a concentração de 20 ppm de Cr(VI)

Figura-4.15: Efeito das PGPR tolerantes ao Cr(VI) na concentração de Cr(VI) nos rebentos de

trigo (*Triticum aestivum* L.) em solo contaminado com crómio.

O Cr foi aplicado como K2Cr2O7 para manter a concentração de 20 ppm de Cr(VI)

Figuere-4.16: Efeito do isolado K-11 no crescimento e desenvolvimento do trigo (*Triticum aestivum* L.) em solo contaminado com crómio.

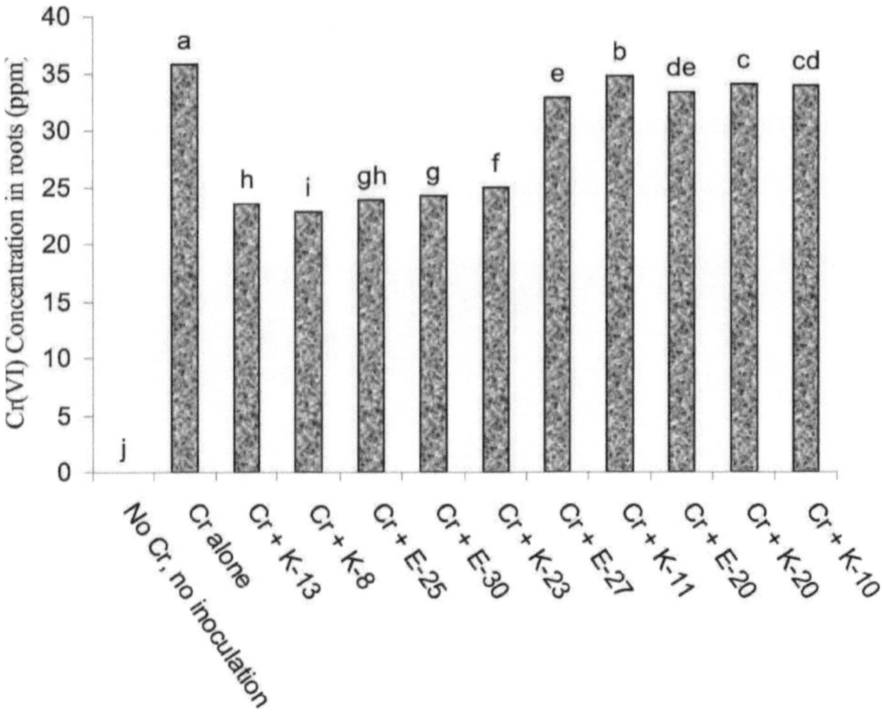

As barras que partilham a mesma letra (s) não são estatisticamente significativas de acordo com o teste de intervalo múltiplo de Duncan ($p<0,05$)

O Cr foi aplicado como K2Cr2O7 para manter a concentração de 20 ppm de Cr(VI)

Figura-4.17: Efeito das PGPR tolerantes ao Cr(VI) na concentração de Cr(VI) nas raízes do trigo (*Triticum aestivum* L.) em solo contaminado com crómio.

4.3.1.12 Diminuição da concentração de Cr(VI) no solo.

Os dados (Figura-4.18) mostraram a concentração restante de Cr(VI) no solo após a colheita da cultura. É claramente óbvio a partir dos resultados que a concentração de Cr(VI) diminuiu significativamente nas plantas em associação com isolados de rizobactérias com Cr(VI). O isolado K-13 apresentou os melhores resultados em relação à diminuição da concentração de Cr(VI) no solo, diminuindo 62% do Cr(VI) em comparação com o controlo não inoculado e contaminado. Os isolados K-8 e E-25 também apresentaram os melhores resultados, diminuindo 50% e 40%, respetivamente, da concentração de Cr(VI) no solo, em comparação com o controlo não inoculado e contaminado. Foi observada uma diminuição mínima (12%) da concentração de Cr(VI) no solo com o isolado K-10 em comparação com o controlo não inoculado e contaminado. Todos os outros tratamentos inoculados com isolados de rizobactérias tolerantes ao Cr(VI) foram estatisticamente significativos no que diz respeito à diminuição do Cr(VI) no solo em comparação com o controlo não inoculado e contaminado

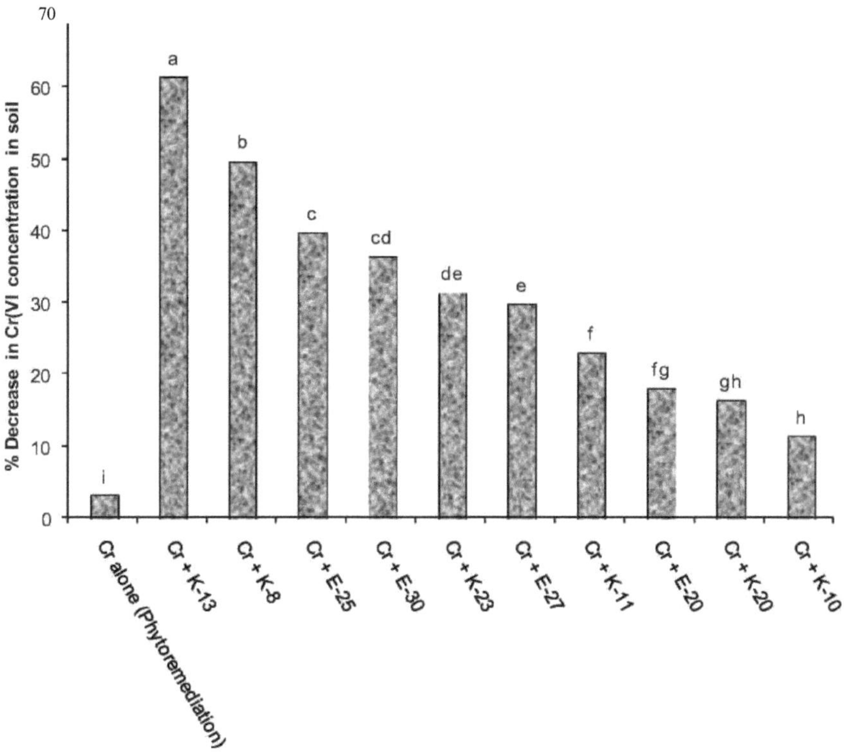

As barras que partilham a mesma letra (s) não são estatisticamente significativas de acordo com o teste de intervalo múltiplo de Duncan ($p<0,05$)

O Cr foi aplicado como K2Cr2O7 para manter a concentração de 20 ppm de Cr(VI)

Figura-4.18: Efeito das PGPR tolerantes ao Cr(VI) na redução do Cr(VI) no solo

Capítulo 5

Discussão

Em muitas partes do mundo, os solos agrícolas estão a ser contaminados por vários metais pesados tóxicos, como o Cr, o Cd, o Cu, o Ni, o Zn, o Co, o As e o Pb, em diferentes graus de contaminação. A eliminação incorrecta de lamas de depuração, o desequilíbrio e a utilização prolongada de fertilizantes fosfatados, as poeiras das fundições, os resíduos industriais e as más práticas de rega podem ser a causa desta elevada toxicidade dos metais pesados nos solos agrícolas (Bell et al., 2001; Schwartz et al., 2001; Passariello et al., 2002). O crómio é um metal pesado potencialmente tóxico e pode causar danos graves às plantas e aos animais na forma de Cr(VI). No presente estudo, foi isolado um grande número de estirpes bacterianas das amostras de solo colhidas nos campos irrigados com águas residuais de curtumes do distrito de Kasur. Estes isolados foram testados quanto à sua aptidão para tolerar o Cr(VI), crescendo em meio LB enriquecido com Cr(VI), utilizando diferentes concentrações (50, 75 e 100 mg L^{-1}) de Cr(VI) sob a forma de K2Cr2O7. Foram selecionados dez isolados bacterianos altamente tolerantes ao Cr(VI) para a experiência em vaso. Foi também efectuada uma experiência laboratorial para avaliar o efeito do Cr(VI) na germinação de sementes e no crescimento de plântulas de sete dias em placas de Petri. As sementes de trigo inoculadas com os isolados bacterianos selecionados foram semeadas em solo contaminado com Cr(VI) com o mesmo nível de contaminação (20 mg kg^{-1} Cr^{+6}) para avaliar as suas capacidades de promoção do crescimento das plantas sob stress de Cr(VI). Estes isolados bacterianos foram também caracterizados quanto à atividade da catalase, à atividade da oxidase, à solubilização do fosfato, à atividade da quitinase e à sua capacidade de reduzir o Cr(VI) em Cr(III).

5.1 Efeito do Cr(VI) na germinação de sementes e no crescimento de plântulas de trigo (*Triticum aestivum* L.) com sete dias de idade.

Os resultados da experiência em placas de Petri revelaram que o Cr(VI) não teve qualquer efeito na germinação de sementes da cultivar de trigo FSD 2008 até à concentração de 100 ug ml.-. Estes resultados mostraram que a cultivar de trigo FSD-2008 pode ser tolerante ao Cr(VI) no que respeita à germinação de sementes. Estes resultados contradizem as conclusões de Datta et al. (2011) em que a germinação das sementes diminuiu com o aumento da concentração de Cr(VI). No seu estudo, verificou-se uma variabilidade na germinação de sementes de diferentes variedades de trigo e esta variabilidade mostrou a capacidade de tolerância ao Cr(VI) de diferentes variedades de trigo. O crescimento das plântulas de trigo foi severamente afetado pelo aumento da concentração de Cr(VI) de 0 a 100 g/mL^{-1} . A redução do comprimento das raízes e dos rebentos com o aumento da concentração de Cr(VI) pode dever-se ao aumento do efeito tóxico do Cr(VI) nos processos fisiológicos das plantas, no transporte de nutrientes e água para os rebentos através das raízes. Pode também dever-se ao efeito tóxico direto do Cr(VI) no metabolismo celular dos rebentos, tal como observado por Panda e Chaudhury (2005), resultando na redução do comprimento dos rebentos. O comprimento da raiz foi mais severamente afetado pelo Cr(VI) do que todos os outros parâmetros. Isto pode dever-se à restrição da divisão e/ou alongamento das células da raiz devido ao aumento da concentração de Cr(VI) nas raízes (Woolhouse, 1983; Shankar *et al.*, 2004). O peso fresco e o peso seco das plântulas de trigo também foram severamente afectados pela toxicidade do Cr(VI) e diminuíram com o aumento da concentração de Cr(VI). Esta diminuição do peso fresco e seco das plântulas pode dever-se à diminuição do teor de clorofila devido à toxicidade do Cr(VI), que afecta a atividade fotossintética (Subrahmanyam, 2008; Sharma e Sharma 1993, Chatterjee e Chatterjee,2000; Nichols *et al.* 2000) das plantas, reduzindo assim a produção de biomassa. Esta diminuição da clorofila pode dever-se à deterioração e degradação do conteúdo proteico do complexo de antenas (Shankar, 2003).

5.2 Efeito de rizbactérias promotoras do crescimento de plantas (PGPR) no crescimento e rendimento do trigo (*Triticum aestivum* L.) em solo contaminado com crómio.

Os resultados do ensaio em vaso mostraram que a contaminação com Cr(VI) diminuiu significativamente o crescimento e o desenvolvimento do trigo. A contaminação com Cr(VI) diminuiu o comprimento dos rebentos, o peso fresco dos rebentos, o peso seco dos rebentos, o peso fresco das raízes e o peso seco das raízes do trigo. O rendimento do trigo foi também severamente afetado pelo stress do Cr(VI), não se tendo mesmo observado espigas em plantas não inoculadas cultivadas em vasos contaminados. A diminuição dos parâmetros de crescimento e do rendimento do trigo pode dever-se a várias razões possíveis. O excesso de crómio no solo atrasa o crescimento das plantas devido à toxicidade do crómio e este atraso no crescimento com crómio foi observado em várias espécies de plantas (Bishnoi et al., 1993; Sharma e Sharma, 1996). O crescimento e as funções da raiz severamente afectados por concentrações mais elevadas de Cr(VI) resultam em danos na raiz, diminuição do peso fresco e seco e redução da absorção de água e nutrientes (Terry, 1981).

No entanto, a inoculação de sementes de trigo com isolados bacterianos resistentes ao Cr(VI) melhorou a saúde das plantas sob o stress do Cr(VI) e aumentou o comprimento dos rebentos, o peso fresco dos rebentos, o peso seco dos rebentos, o peso fresco das raízes e o peso seco das raízes do trigo, em comparação com as plantas não inoculadas cultivadas em vasos contaminados. A inoculação de sementes com isolados bacterianos resistentes ao Cr(VI) (K-13, K-8, E-25, E-30 e K-23) melhorou a saúde das plantas até à resposta de rendimento das plantas em comparação com plantas não inoculadas cultivadas em vasos contaminados. Com estes isolados, observaram-se espigas com alguns grãos nas plantas. Vários estudos mostraram que as bactérias da rizosfera estimulam o crescimento e o desenvolvimento das plantas em condições de stress (Jacobson et al., 1994; Glick et al., 1998; Gupta et al., 2002). Estas alterações no crescimento e desenvolvimento do trigo por isolados bacterianos resistentes ao Cr(VI) podem dever-se ao envolvimento de mecanismos de ação únicos ou múltiplos possíveis, ou seja, solubilização de fosfato insolúvel (Gupta et al., 2002; Pena e Reyes, 2007), produção de sideróforos (Glick et al., 1999; Meyer, 2000), produção de fitohormonas (Glick et al.,1998Humphry et al., 2007) e mecanismos de ação indirectos, ou seja, redução do Cr(VI) a Cr(III), através da qual diminui os efeitos nocivos do Cr(VI) para as plantas (Salunkhe et al., 1998), biocontrolo (Chandera et al., 2007) ou induz resistência sistémica nas plantas (Mishra et al., 2006) contra a fitotoxicidade do Cr(VI). Isto pode envolver a produção de diferentes metabolitos como fitohormonas, sideróforos, enzimas e ácidos orgânicos na rizosfera por PGPR, o que resultou na promoção do crescimento das plantas. Kumar et al. (2009) sugeriram que as bactérias promotoras do crescimento das plantas (*Enterobacter aerogenes* e *Rahnella aquatilis*) reduzem a toxicidade do Ni e do Cr em *Brassica juncea* (mostarda indiana) e promovem o crescimento das plantas em experiências de cultura em vaso. Relataram que ambas as estirpes eram capazes de estimular a biomassa da planta e melhorar a capacidade de fitoextracção de metais (Ni e Cr) da planta através da produção de sideróforos, ácido 1-aminociclopropano-1-carboxílico (ACC) deaminase, ácido indol acético (IAA) e solubilização de fosfato. Rajkumar et al. (2006) também relataram o uso bem-sucedido de bactérias promotoras de crescimento de plantas (*Pseudomonas sp.* e *Bacillus sp.*) para estimular o crescimento de mostarda indiana (*Brassica juncea*) em solo contaminado com Cr (VI). Concluíram que *Pseudomonas sp.* e *Bacillus sp.* protegem as plantas contra os efeitos tóxicos do crómio, possivelmente devido à produção de IAA, sideróforos e solubilização de fosfato. Hasnain e Sabri (1997) verificaram que, em situações de stress de crómio, as sementes de trigo inoculadas com isolados bacterianos aumentaram significativamente a germinação das sementes e o crescimento das plantas em comparação com o tratamento não inoculado. Afirmaram que a promoção do crescimento das plantas se deveu à produção de auxinas, à formação de proteínas específicas do stress e à diminuição da absorção de crómio.

Estas conclusões de diferentes investigadores apoiam os resultados relativos aos parâmetros de crescimento e rendimento do trigo.

Os resultados relativos à concentração de Cr(VI) nos rebentos e nas raízes das plantas de trigo mostraram que havia uma maior concentração de Cr(VI) nas raízes do que nos rebentos do trigo em solo contaminado com Cr(VI). Isto pode dever-se à fraca translocação do crómio da raiz para o sistema de rebentos (Zayad et al., 1998). A inoculação de sementes de trigo com isolados bacterianos tolerantes ao Cr(VI) diminuiu a absorção e a translocação do Cr(VI) do solo para a raiz e para as partes aéreas da planta. Diferentes isolados apresentaram resultados variáveis e a diminuição máxima do teor de Cr(VI) nas raízes e nos rebentos foi observada com o isolado bacteriano K-8. As plantas com teores mínimos de Cr(VI) também apresentaram um melhor crescimento em comparação com o controlo não inoculado e contaminado. Esta diminuição da concentração de Cr(VI) nas raízes e nos rebentos das plantas de trigo pode dever-se à redução do Cr(VI) em Cr(III) pelos isolados bacterianos (Salunkhe et al., 1998), o que acabou por diminuir o teor de Cr(VI) no solo. Hasnain e Sabri (1997) também referiram observações semelhantes, segundo as quais a inoculação de sementes com *Pseudomonas sp.* diminuiu a absorção e a acumulação de crómio nos sistemas radicular e de rebentos de *Triticum aestivum*. Em contraste com estas observações, Rajkumar et al. (2006) referiram que a inoculação com PGPB não teve qualquer efeito na absorção e acumulação do teor de crómio nas raízes e rebentos da mostarda indiana.

Os resultados relativos à diminuição da concentração de Cr(VI) no solo após a colheita da cultura do trigo mostraram que os teores de Cr(VI) diminuíram significativamente em relação à concentração inicial de Cr(VI) mantida em cada vaso. A diminuição mínima da concentração de Cr(VI) no solo foi observada no solo não inoculado e no solo contaminado. Esta diminuição pode dever-se à absorção e acumulação do teor de Cr(VI) nos sistemas radicular e de rebentos (Mishra et al., 1997) da planta de trigo. A diminuição da concentração de Cr(VI) aumentou com a inoculação de isolados bacterianos resistentes ao Cr(VI), mas em graus variáveis. A diminuição máxima (62%) do teor de Cr(VI) foi observada com o isolado K-13, seguido pelos isolados K-8 (50%) e E-25 (40%). Esta diminuição do teor de Cr(VI) pode dever-se à redução do Cr(VI) em Cr(III) pelos isolados bacterianos (Cheung e Gu, 2003; Salunkhe et al., 1998) e/ou à absorção e acumulação do teor de Cr(VI) pela planta de trigo nos sistemas radicular e de rebentos (Mishra et al., 1997).

5.3 Capacidade de redução do Cr(VI) dos isolados bacterianos

A redução do Cr(VI) pelos isolados bacterianos também foi observada e os resultados mostraram que todos os isolados bacterianos reduziram o Cr(VI) a Cr(III) em relação ao tratamento de controlo não inoculado a um nível variável. O isolado K-13 reduziu a concentração máxima de Cr(VI) até 79%, seguido do isolado K-8 (69%) e E-30 (60%) em comparação com o controlo não inoculado na experiência *in vitro*. O mecanismo exato pelo qual as bactérias reduzem o Cr(VI) em Cr(III) não é conhecido. Esta redução do Cr(VI) pode dever-se a várias razões, ou seja, mecanismos intracelulares envolvidos na desintoxicação do Cr(VI), envolvimento do cromato no metabolismo intracelular como aceitador terminal de electrões para ganhar energia e pode dever-se à excreção de produtos residuais pelas bactérias que reduzem o Cr(VI) em Cr(III), como o H_2S (Fude et al., 1994). Esta redução pode também ser devida à atividade enzimática dos isolados bacterianos (Cheung e Gu, 2003). Mistry et al. (2009) referiram que a estirpe bacteriana resistente ao crómio *Pseudomonas olevorans* tinha capacidade para reduzir o Cr(VI) em Cr(III). Concluíram ainda que esta bactéria tinha capacidade para biorremediar resíduos contendo Cr(VI). Morales et al. (2007) isolaram *Streptomyces sp.* CG252 que era altamente tolerante ao Cr(VI) e tinha a capacidade de reduzir o Cr(VI) em Cr(III).

5.4 Conclusão

A partir da discussão acima, pode concluir-se que o Cr(VI) afecta gravemente o crescimento e o desenvolvimento das plantas, acabando por diminuir o rendimento do trigo em solos contaminados com crómio. No entanto, a inoculação com isolados bacterianos tolerantes ao Cr(VI) regula os mecanismos das plantas contra os efeitos tóxicos do Cr(VI). É provável que os isolados bacterianos aumentem a tolerância da planta de trigo contra o efeito inibitório do Cr(VI) através de diferentes mecanismos, ou seja, redução do Cr(VI), produção de fitohormonas, sideróforos e solubilização de fosfato inorgânico. Do ponto de vista da fitoremediação, o trigo não é um fitoextrator e fitoacumulador eficaz de Cr(VI) em solos contaminados. No presente estudo, os isolados bacterianos tolerantes ao Cr(VI) estimulam o crescimento das plantas em solo contaminado com Cr(VI) e também diminuem a absorção e translocação do Cr(VI) devido à transformação do Cr(VI) em Cr(III). Assim, os isolados bacterianos tolerantes ao Cr(VI) podem ser utilizados para melhorar o crescimento e o desenvolvimento do trigo em solos contaminados com Cr(VI), mas não como estimuladores da fitoextracção e da fitoacumulação em plantas de trigo.

Resumo

O crescimento industrial contínuo e o desenvolvimento urbano aumentaram significativamente a disseminação de materiais perigosos em todo o mundo, especialmente metais pesados como Cr, Ni, As, Zn, Pb e Cd. As actividades humanas libertam níveis tóxicos de metais pesados, principalmente relacionados com as emissões das indústrias, os processos de extração mineira e de fundição, a eliminação de resíduos e a utilização de fertilizantes e pesticidas. Os perigos associados à acumulação excessiva de metais pesados e iões tóxicos nos solos, ou seja, a fitotoxicidade para as culturas e a contaminação da cadeia alimentar, tornaram-se uma questão de grande preocupação social e científica. Em consequência, os cientistas estão a esforçar-se por desenvolver tecnologias rentáveis e respeitadoras do ambiente para a recuperação desses solos.

As técnicas físicas e químicas tradicionais de recuperação de solos poluídos são dispendiosas e invasivas do ponto de vista ambiental. Na maioria dos casos, estas técnicas limitam-se a áreas relativamente pequenas. Atualmente, a biorremediação (utilização de microrganismos) e a fitorremediação (utilização de plantas) de solos contaminados constituem uma grande preocupação. Em comparação com os métodos tradicionais, a fitorremediação com a assistência de micróbios é uma técnica amiga do ambiente e económica para a recuperação de solos poluídos com metais pesados. As PGPR, que têm a capacidade de tolerar tensões de metais pesados, estão a ser utilizadas em solos contaminados para aumentar o crescimento e a saúde das plantas, a fim de aumentar o processo de fitorremediação. Para estudar o efeito das PGPR no crescimento e no rendimento do trigo (*Triticum aestivum* L.) em solos contaminados com crómio, foi realizada uma experiência em vaso na estufa do Instituto de Ciências do Solo e do Ambiente da Universidade de Agricultura de Faisalabad. Apresenta-se de seguida um resumo das conclusões importantes.

1. Cento e oitenta colónias de rizobactérias tolerantes ao Cr(VI) foram isoladas por técnica de enriquecimento a partir de amostras de solo colhidas em campos irrigados com águas residuais de curtumes do distrito de Kasur. O isolado bacteriano foi cultivado em meio de ágar Luria Bertani (LB) enriquecido com Cr(VI) para avaliar a tolerância dos isolados bacterianos ao stress do Cr(VI). Foram selecionados dez isolados bacterianos diferentes de crescimento rápido em meio LB enriquecido com Cr(VI), codificados e conservados em glicerol a 20% a -40°C.
2. Os isolados bacterianos tolerantes ao Cr(VI) selecionados foram caracterizados quanto às suas actividades de promoção do crescimento das plantas. Os resultados da caraterização mostraram que todos os isolados bacterianos tolerantes ao Cr(VI) eram

positivos relativamente à redução do Cr(VI) e tinham mais de um mecanismo de ação para a promoção do crescimento das plantas, como a solubilização do fósforo inorgânico, as actividades da quitinase, da oxidase e da catalase.

3. A experiência em placa de Petri para germinação de sementes e crescimento de plântulas sob stress de Cr(VI) mostrou que o aumento da concentração de Cr(VI) não teve efeito na germinação de sementes da variedade de trigo FSD-2008. No entanto, o comprimento do rebento, o comprimento da raiz, o peso fresco e o peso seco das plântulas de sete dias foram severamente afectados pelo aumento da concentração de Cr(VI) de 0 a 100 ug mL^{-1}. A diminuição máxima no comprimento do rebento (75%), comprimento da raiz (90%), peso fresco (70%) e peso seco (61%) de plântulas de trigo de sete dias foi registada a 100 ug mL^{-1} de Cr(VI).
4. Os resultados dos ensaios em vasos indicaram que o Cr(VI) diminuiu o comprimento do rebento (até 82%), o comprimento da espiga (até 58%), o número de espiguetas por espiga (até 67%), a produção por vaso (até 100%), o peso fresco e seco da raiz (até 92% e 93%) e o peso fresco e seco do rebento (até 98%), em comparação com plantas não inoculadas cultivadas em vasos não contaminados.

> No entanto, a inoculação de sementes de trigo com isolados bacterianos tolerantes ao Cr(VI) melhorou o crescimento e o desenvolvimento das plantas sob o stress do Cr(VI). A inoculação aumentou o comprimento dos rebentos até 3 vezes em comparação com plantas não inoculadas cultivadas em vasos contaminados.

> O comprimento das espigas também melhorou com a inoculação e a diminuição mínima foi de 21% em comparação com o controlo não inoculado e não contaminado, enquanto que nas plantas não inoculadas cultivadas em vasos contaminados não se observaram espigas.

> O decréscimo mínimo no número de espiguetas por espiga foi registado com o isolado K-8, que resultou num decréscimo de 28% no número de espiguetas por espiga em comparação com plantas não inoculadas cultivadas em vasos não contaminados.

> O rendimento por vaso também aumentou com a inoculação em comparação com plantas não inoculadas cultivadas em vasos contaminados, onde não se registou qualquer rendimento devido ao efeito inibitório do Cr(VI) no crescimento das plantas. A melhoria máxima foi observada com os isolados K-8, K-13, E-25, E-30 e K-23, onde se registou algum rendimento.

> O peso de 1000 grãos também aumentou com a inoculação e observou-se um decréscimo mínimo (49%) no peso de 1000 grãos com o isolado K-8, seguido do isolado E-25 (53%),

K-13 (53%), E-30 (56%) e K-23 (62%), em comparação com plantas não inoculadas cultivadas em vasos não contaminados.

- A inoculação de sementes com isolados bacterianos tolerantes ao Cr(VI) também aumentou o peso fresco e seco da raiz em comparação com plantas não inoculadas cultivadas em vasos contaminados. O aumento máximo do peso fresco da raiz (6,9 vezes) e do peso seco da raiz (7,7 vezes) foi registado com o isolado K-8 em comparação com plantas não inoculadas cultivadas em vasos contaminados, mas este peso fresco da raiz e o peso seco da raiz permaneceram inferiores a 35% e 37%, respetivamente, em comparação com plantas não inoculadas cultivadas em vasos não contaminados.
- O peso fresco e seco do rebento também foi melhorado pela inoculação de sementes com isolados bacterianos tolerantes ao Cr(VI) em stress de Cr(VI). A melhoria máxima foi registada com o isolado K-8, que aumentou o peso fresco e seco do rebento 26,38 vezes e 27,19 vezes, respetivamente, em comparação com plantas não inoculadas cultivadas em vasos contaminados.
- A concentração de Cr(VI) nas raízes foi reduzida pela inoculação de plantas de trigo com isolados bacterianos tolerantes ao Cr(VI). A diminuição máxima foi observada com o isolado K-8, onde se registou uma diminuição de 36% na concentração de Cr(VI) em comparação com plantas não inoculadas cultivadas em vasos contaminados.
- A concentração de Cr(VI) nos rebentos foi menor em comparação com as raízes e a inoculação de sementes de trigo com isolados bacterianos tolerantes ao Cr(VI) também diminuiu o conteúdo de Cr(VI) nos rebentos em comparação com plantas não inoculadas cultivadas em vasos contaminados.
- A diminuição da concentração de Cr(VI) no solo foi de até 62% nos vasos onde as plantas inoculadas com o isolado K-13 foram cultivadas em solo contaminado com Cr(VI). A redução mínima de 12% foi observada em vasos onde as plantas inoculadas com o isolado K-10 foram cultivadas em solo contaminado com Cr(VI).

Literatura citada

Adriano, D.C. 1986. Chromium. *In* Trace Elements in the Terrestrial Environment. SpringerVerlag. Nova Iorque. p.58-76.

Aksoy, A. 2008. Chicória (*Cichorium intybus* L.): um possível biomonitor da poluição por metais. Pak. J. Bot. 40:791-797.

Anandkumar, J. e B. Mandal. 2009. Remoção de Cr(VI) de uma solução aquosa utilizando a casca do fruto de Bael (*Aegle marmelos correa*) como adsorvente. J. Haz. Mat. 168:633-640.

Anderson, T.A., E.A. Guthrie e B.T. Walton. 1993. Bioremediação na rizosfera. Environ. Sci. Technol. 27:2630-2636.

Arun, K.S., C. Cervantesb, H. Loza-Taverac e S. Avudainayagamd. 2005. Toxicidade do crómio nas plantas. Environ. Int. 31:7390-753.

Assche, F.V. e H. Clijsters. 1990. Effects of metals on enzyme activity in plants (Efeitos dos metais na atividade enzimática das plantas). J. Plant Cell Environ. 13:195-206.

Barcelo, J., C. Poschenrieder e B. Gunse. 1986. Relações hídricas de plantas de feijão (*Phaseolus vulgaris* L cv Contender) tratadas com crómio VI em condições normais e de stress hídrico. J. Exp. Bot. 37:178- 87.

Barcelo, J., C. Poschenrieder, M.D. Vazquez, B. Gunse e J.P. Vernet. 1993. Efeitos benéficos e tóxicos do crómio nas plantas: cultura em solução, estudos em vaso e no terreno. Studies in Environmental Science No. 55, documento apresentado na 5ª Conferência Internacional sobre Contaminação Ambiental, Morges, Suíça.

Bartlett, R.J. e B.R. James. 1988. Mobility and bioavailability of chromium in soils. *Em* Chromium in the Natural and Human Environments. Eds., J.O. Niragu, E. Nieboer. John Wiley and Sons Inc.: Nova Iorque. p. 267-303.

Barton, L.L., G.V. Johnson, A.G. O'Nan e B.M. Wagener. 2000. Inhibition of ferric chelate reductase in alfalfa roots by cobalt, nickel, chromium, and copper. J. Plant Nutr. 23:1833-1845.

Beck, M.J. 1995. Utilização de plantas inteiras para melhorar o processo de biodegradação em solos contaminados. Distribuído a bibliotecas depositárias em microfichas.

Bell, F.G., S.E.T. Bullock, T.F.J. Halbich e P. Lindsay. 2001. Impactos ambientais associados a uma mina abandonada na bacia carbonífera de Witbank, África do Sul. Int. J. Coal Geol. 45:195-216.

Bertrand, H., C. Plassard, X. Pinochet, B. Toraine, P. Normand e J.C. Cleyet-Marel. 2000. Estimulação do sistema de transporte iónico em *Brassica napus* por uma rizobactéria promotora do crescimento de plantas (*Achromobacter* sp.). Can. J. Microbiol. 46:229-236.

Bishnoi, N.R., A. Dua, V.K. Gupta e S.K. Sawhney. 1993. Effect of chromium on seed germination, seedling growth and yield of peas. Agric. Ecosys. Environ. 47:47-57.

Blaylock, M.J. e J.W. Huang. 2000. Fitoextracção de metais. Phytoremediation of Toxic Metals: Using Plants to clean up the Environment. Eds., I. Raskin e B.D. Ensley. John Wiley and Sons, Inc, Toronto. p. 303.

Boonyapookana, B., E.S. Upatham, M. Kruatrachue, P. Pokethitiyook e S. Singhakaew. 2002. Fitoacumulação e fitotoxicidade do cádmio e do crómio na lentilha-d'*água Wolffia globosa*. Int. J. Phytoremed. 4:87-100.

Bopp, L.H. e H.L. Ehrlich. 1988. Resistência e redução de cromatos na estirpe LB300 de *Pseudomonas fluorescens*. Arch. Microbiol. 150:426-431.

Burken, J.G. e J.L. Schnoor. 1996. Fitorremediação: Plant uptake of atrazine and role of root exudates. J. Env. Engin. 122:958-963.

Burns, R.G., S. Rogers e I. McGhee. 1996. Contaminants and the Soil Environment in the Australia Pacific Region. Eds., R., Naidu, R.S. Kookana, D.P. Oliver, S. Rogers e M.J. McLaughlin. Kluwer Academic Publishers, Londres. pp. 361-410.

Camargo, F.A.O., F.M. Bento, B.C. Okeke e W.T. Frankenberger. 2003. Redução de cromato por bactérias resistentes ao cromo isoladas de solos contaminados com dicromato. J. Environ. Qual. 32:1228-1233.

Campos, J., M. Martinez-Pacheco e C. Cervantes. 1995. Redução do crómio hexavalente por uma estirpe de *Bacillus* sp. resistente ao cromato. Anton. Leeuw. 68:203-208.

Capuana, M. 2011. Heavy metals and woody plants-biotechnologies for phytoremediation. iForest. 4: 7-15.

Cargnelutti, D., L.A. Tabaldi, R.M. Spanevello, G.O. Jucoski, V. Battisti, M. Redin, C.E.B. Linares, V.L. Dressler, M.M. Flores, F.T. Nicoloso, V.M. Morsch e M.R.C. Schetinger. 2006. A toxicidade do mercúrio induz stress oxidativo em plântulas de pepino em crescimento. Chemosphere. 65:999-1006.

Cervantes C., J.C. Garcia, S. Devars, F.G. Corona, H.L. Tavera, J.C. Torres-guzman e R.M. Sanchez. 2001. Interações do crómio com microrganismos e plantas. FEMS, Microbiologic. Rev. 25: 335-347.

Cervantes, C. e H. Ohtake. 1988. Resistência ao cromato determinada por plasmídeo em *Pseudomonas aeruginosa*. FEMS, Microbiol. Lett. 56:173-176.

Chandra, P., S. Sinha e U.N. Rai. 1997. Bioremediação de Cr da água e do solo por plantas aquáticas vasculares. In: Kruger EL, Anderson TA, Coats JR, editores. Phytoremediation of Soil and Water Contaminants (Fitorremediação de Contaminantes do Solo e da Água). Série de Simpósios ACS, vol. 664. Washington, DC7 Am. Chem. Soc. p. 274-82.

Chandra. S., K. Chour, R.C. Dubey e D.K. Maheshwari. 2007. *O Mesorhizobium loti* MP6, competente na rizosfera, induz o enrolamento dos pêlos radiculares, inibe a *Sclerotinia sclerotiorum* e melhora o crescimento da mostarda indiana (*Brassica campestris*). Braz. J. Microbiol. 38:124-130.

Chatterjee, J. e C. Chatterjee. 2000. Fitotoxicidade do cobalto, crómio e cobre na couve-flor. Environ. Pollut. 109:69-74.

Chatterjee, S., G.B. Sau e S.K. Mukherjee. 2009. Promoção do crescimento das plantas por uma estirpe bacteriana redutora de crómio hexavalente, *Cellulosimicrobium cellulans* KUCr3. World J. Microbiol. Biotechnol. 25:1829-1836.

Cheung, K.H. e J.D. Gu. 2003. Redução do cromato (CrO_4^{2-}) por um consórcio de enriquecimento e um isolado de bactérias marinhas redutoras de sulfato. Chemosphere. 52:1523-1529.

Cheung, K.H. e J.D. Gu. 2007. Mecanismo de desintoxicação do crómio hexavalente por microrganismos e potencial de biorremediação: A review. Int. Biodetor. Biodeg. 59:815.

Clijsters, H., e F. Van Assche. 1985. Inhibition of photosynthesis by heavy metals. Photosynth. Res. 7:31- 40.

Congeevaram, S., S. Dhanarani, J. Park, M. Dexilin e K. Thamaraiselvi. 2007. Biossorção de crómio e níquel por isolados de fungos e bactérias resistentes a metais pesados. J. Haz. Mat. 146:270-277.

Costa, M. 2003. Potenciais perigos do cromato hexavalente na nossa água potável. Toxicol. Appl. Pharmacol. 188:1-5.

Datta, J.K., A. Bandhyopadhyay, A. Banerjee e N.K. Mondal. 2011. Efeito fitotóxico do crómio na germinação, crescimento de plântulas de algumas cultivares de trigo (*Triticum aestivum* L.) em condições laboratoriais. J. Agric. Technol. 7:395-402.

Denton, B. 2007. Avanços na fitorremediação de metais pesados utilizando bactérias e fungos promotores do crescimento de plantas. MMG 445, Biotecnologia Básica. 3:1-5.

Dey, S.K., P.P. Jena e S. Kundu. 2009. Antioxidative efficiency of *Triticum aestivum* L. exposed to chromium stress. J. Environ. Biol. 30:539-544.

Dinesh, M., U. Charles e J. Pittman. 2006. Carvões activados e adsorventes de baixo custo para remediação de crómio tri- e hexavalente da água. J. Haz. Mat. 137:762-811.

Dixit, V., V. Pandey e R. Shyam. 2002. Os iões de crómio inactivam o transporte de electrões e aumentam a geração de superóxido *in vivo* nas mitocôndrias da raiz da ervilha (*Pisum sativum* L.cv.Azad). Plant Cell Environ. 25:687- 90.

Duffus, J.H. 2002. "Metais pesados" Um termo sem sentido. Pure Appl. Chem. 74:793-807.

Emslie, L.A. 2010. Revisão da precipitação de sulfuretos metálicos. Hydrometallurgy. 104:222-234.

Francis, C.A., A.Y. Obraztsova e B.M. Tebo. 2000. Redução dissimilatória de metais pelo anaeróbio facultativo *Pantoea agglomerans* SP1. Appl. Environ. Microbiol. 66:543548.

Fredrickson, J.K., H.M. Kostandarithes, S.W. Li, A.E. Plymale e M.J. Daly. 2000. Reduction of Fe(III), Cr(VI), U(VI), and Tc(VII) by *Deinococcus radiodurans* R1. Appl. Environ. Microbiol. 66:2006-2011.

Fude, L., B. Harris, M. M. Urrutia e T.J. Beveridge. 1994. Redução de Cr(VI) por um Consórcio de Bactérias Redutoras de Sulfato (SRB III). Appl. Environ. Microbiol. 60:1525-1531.

Ganguli, A. e A.K. Tripathi. 2002. Bioremediação de crómio tóxico de efluentes de galvanoplastia por *Pseudomonas aeruginosa* A2Chr redutora de cromato em dois bioreactores. Appl. Microbiol. Biotechnol. 58:416-420.

Gheju, M., I. Balcu e M. Ciopec. 2009. Análise da absorção de crómio hexavalente por plantas em solos poluídos. Ovidius Uni. Ann. Chem. 20:127-131.

Ghosh, M. e S.P. Singh. 2005. A review on phytoremediation of heavy metals and utilization of its byproducts. Appl. Ecol. Environ. Res. 3:1-18.

Glick, B.R., C.L. Patten, G. Holgiun e D.M. Penrose. 1999. Biochemical and genetic mechanisms used by plant growth promoting bacteria. Imperial College Press, Londres. p. 134-179.

Glick, B.R., D.M. Penrose e J. Li. 1998. Um modelo para a redução da concentração de etileno nas plantas por bactérias promotoras do crescimento das plantas. J. Theor. Biol. 190:63-68.

Gray, E.J. e D.L. Smith. 2005. PGPR intracelulares e extracelulares: pontos comuns e distinções nos processos de sinalização planta-bactéria. J. Soil Biol. Biochem. 37:395-412.

Guha, H., K. Jayachandran e F. Maurrasse. 2001. Cinética da redução do crómio (VI) por uma estirpe tipo de *alga Shewanella* em diferentes condições de crescimento. Environ. Pollut. 115:209-218

Gupta, A., J.M. Meyer e R. Goel. 2002. Desenvolvimento de mutantes resistentes a metais pesados de *Pseudomonas sp*. NBRI4014 solubilizadora de fosfato e sua caraterização. Curr. Microbiol. 45:323-327.

Hadad, H.R., M.A. Maine, M.M. Mufarrege, M.V.D. Sastre e G.A.D. Luca. 2010. Cinética de bioacumulação e efeitos tóxicos de Cr, Ni e Zn em *Eichhornia crassipes*, J. Hazard. Mater. 190:1016-1022.

Hasnain, S. e A.N. Sabri. 1997. Estimulação do crescimento de plântulas de *Triticum aestivum* sob stress de Cr por estirpes *de pseudomonadas* não rizosféricas. Environ. Pollut. 97:265-273.

Horton, R.N., W.A. Apel, V.S. Thompson e P.P. Sheridan. 2006. Redução a baixa temperatura do crómio hexavalente por um consórcio de enriquecimento microbiano e uma nova estirpe de *Arthrobacter aurescens.* BMC, Microbiol. 6:5

Humphry, D.R., M. Andrews, S.R. Santos, E.K. James, L.V. Vinogradova, L. Perin, V.M. Reis e S.P. Cummings. 2007. Atribuição filogenética e mecanismo de ação de uma estirpe de *Rhizobium radiobacter* promotora do crescimento de culturas utilizada como biofertilizante em culturas *de gramíneas* na Rússia. Anton. Leeuw. 91:105-113.

Hussain, M., M.S.A. Ahmad e A. Kausar. 2006. Efeito do chumbo e do crómio no crescimento, nos pigmentos fotossintéticos e nos componentes do rendimento do feijão-manteiga (*Vinga mungo* L.). Pak. J. Bot. 38:1389-1396.

Iqbal, M.Z., S. Saeeda e M. Shafiq. 2001. Efeitos do crómio numa importante árvore árida (*Caesalpinia pulcherrima*) da cidade de Karachi, Paquistão. Ekol. Bratislava. 20:414-22.

Israr, M., e S. Sahi. 2006. Antioxidative responses to mercury in the cell cultures of Sesbania drummondii. Plant Physiol. Biochem. 44:590-595.

Jacobson, C.B., J.J., Pasternak, B.R. Glick. 1994. Purificação parcial e caraterização da ACC deaminase da rizobactéria promotora do crescimento vegetal *Pseodomonas putida* GR12-2. Can. J. Microbiol. 40:019-1025.

Jadia, C.D. e M.H. Fulekar. 2009. Fitorremediação de metais pesados: Técnicas recentes. Afr. J. Biotechnol. 8:921-928.

Jain, R., S. Srivastava, V.K. Madan e R. Jain. 2000. Influência do crómio no crescimento e na divisão celular da cana-de-açúcar. Ind. J. Plant Physiol. 5:228-31.

Jarup, L. 2003. Hazards of heavy metal contamination (Riscos da contaminação por metais pesados). Br. Med. Bull. 68:167-182.

Jing, Y.Z. He e X. Yang. 2007. Papel das rizobactérias do solo na fitorremediação de solos contaminados com metais pesados. J. Zhejiang Univ. Sci. 8:192-207.

Kalidhasan, S., M. Ganesh, S. Sricharan e N. Rajesh. 2009. Separação extrativa e determinação de crómio em efluentes de curtumes e águas residuais de galvanoplastia utilizando tribenzilamina como extrator. J. Hazard. Mater. 165:886-892.

Kashefi, K. e D.R. Lovley. 2000. Redução de Fe(III), Mn(IV) e metais tóxicos a 100 graus C por *Pyrobaculum islandicum*. Appl. Environ. Microbiol. 66:1050 1056.

Khan, A., M. Ibrahim, N. Ahmed e S.A. Anwar. 1994. Estudos sobre a acumulação e distribuição de metais pesados em solos agrícolas que recebem irrigação com efluentes de esgotos. Efficient use of plant nutrients in Proc. 4th Natl. Cong. Ciência do Solo. Islamabad. p. 607609.

Khan, F.I., T. Hussain e R. Hejazi. 2004. An overview and analysis of site remediation technologies. J. Environ. Manage. 71:95-122.

Khan, M.S., A. Zaidi, P.A. Wani e M. Oves. 2010. Papel das rizobactérias promotoras do crescimento de plantas na remediação de solos contaminados com metais. Environ. Chem. Lett. 7:1-19.

Khan, S., S.M. Ullah e K.S. Sarwar. 2001. Interação do crómio e do cobre com elementos nutritivos no arroz (*Oryza sativa* cv BR-11). Bull. Inst. Trop Agric. Kyushu Univ. 23:35-44.

Kloepper, J.W. e M.N. Schroth. 1978. Rizobactérias promotoras de crescimento de plantas em rabanete. Proc. 4th Intl. Conf. Bactérias Patogénicas de Plantas. Gilbert-Clarey, Tours, França. p. 879882.

Kota's, e Z. Stasicka. 2000. Ocorrência de crómio no ambiente e métodos para a sua especiação. Environ. Pollut. 107:263-283

Kratochvil, D. e B. Volesky. 1998. Advances in biosorption of heavy metals. Trends Biotechnol. 16:291-300.

Kuiper, I., E. Lagendijk, G. Bloemberg e B. Lugtenberg. 2004. Rhizoremediation: a beneficial plant-microbe interaction. Mol. Plant Microbe In. 17:6-15.

Kumar, K.V., S. Srivastava, N. Singh e H.M. Behl. 2009. Papel das bactérias promotoras do crescimento de plantas resistentes a metais na melhoria das cinzas volantes para o crescimento de *Brassica juncea*. J. Hazard. Mater. 170:51-57.

Lakshmipathiraj, P., G.B. Raju, M.R. Basariya, S. Parvathy e S. Prabhakar. 2008. Remoção de Cr (VI) por redução eletroquímica. Sep. Purif. Technol. 60:96-102.

Laxman, R.S., e S. More. 2002. Redução do crómio hexavalente por *Streptomyces griseus*. Miner. Eng. 15:831-837.

Lee, D.C., C.J. Park, J.E. Yang, Y.H. Jeong e H.I. Rhee. 2000. Triagem de biossorvente de crómio hexavalente a partir de algas marinhas. Appl. Microbiol. Biotechnol. 54:445-448.

Liu, J., D. C. Duan, X. Zhang, Y. Zhu e X. Lu. 2011. Potencial de *Leersia hexandra* Swartz para fitoextracção de Cr do solo. J. Hazard. Mater. 188:85-91.

Llovera, S., R. Bonet, M.D. Simon-Pujol e F. Congregado. 1993. Redução de cromato por células em repouso de *Agrobacterium radiobacter* EPS-916. Appl. Environ. Microbiol. 59:3516-3518

Lopez-Luna, J., M.C. Gonzalez-Chavez, F.J. Esparza-Garcia e R. Rodriguez-Vazquez. 2009. Avaliação da toxicidade do solo alterado com lamas de curtume, crómio trivalente e crómio hexavalente, utilizando plantas de trigo, aveia e sorgo. J. Hazard. Mater. 163:829-834.

Lovley, D.R. 1993. Redução dissimilatória de metais. Annu. Rev. Microbiol. 47:263-290.

Lytle, C.M., F.W. Lytle, N. Yang, J.H. Qian, D. Hansen, A. Zayed e N. Terry. 1998. Redução de Cr (VI) a Cr (III) por plantas de zonas húmidas: Potencial para a desintoxicação de metais pesados *in situ*. Environ. Sci. Technol. 32:087-3093.

Mahvi, A.H. 2008. Aplicação de fibras agrícolas na remoção de poluição de soluções aquosas. Int. J. Environ. Sci. Technol. 5:275-285

Mangkoedihardjo, S. e A. Surahmaida 2008. *Jatropha curcas* L. para fitorremediação de solos poluídos com chumbo e cádmio. World Appl. Sci. J. 4:519-522.

Manjunathan, J., P.M. Ayyasamy e V. Kaviyarasan. 2011. Efeito de efluentes industriais tratados microbialmente no crescimento de grama verde (Phaseolus aureus-ROXB). Int. J. Pharma. Bio. Sci. 2:262-271.

McLean, J. e T.J. Beveridge. 2001. Redução de cromato por uma Pseudomonad isolada de um local contaminado com arseniato de cobre cromado. Appl. Environ. Microbiol. 67:1076-1084.

Meagher, R.B. 2000. Fitorremediação de poluentes tóxicos elementares e orgânicos. Curr. Opin. Plant Biol. 3:153-162.

Mehta, S. e C.S. Nautiyal. 2001. Um método eficiente para o rastreio de bactérias de solubilização de fosfato. Curr. Microbio. 43:57-58.

Messer, R.L., P.E. Lockwood, W.Y. Tseng, K. Edwards, M. Shaw, G.B. Caughman, J.B. Lewis e J.C. Wataha. 2005. O mercúrio (II) altera a atividade mitocondrial dos monócitos em doses subletais através de mecanismos de stress oxidativo. J. Biomed. Mater. Res.75:257- 263.

Meyer, J.M. 2000. Pyoverdines: Pigmentos sideróforos e potenciais marcadores taxonómicos de espécies *de Pseudomonas* fluorescentes. Arch. Microbiol. 174:135-142.

Michel, C., M. Brugna, C. Aubert, A. Bernadac e M. Bruschi. 2001. Redução enzimática do cromato: estudos comparativos utilizando bactérias redutoras de sulfato. Appl. Microbiol. Biotechnol. 55:95-100.

Mishra, R.P.N., R.K. Singh, H.K. Jaiswal, V. Kumar e S. Maurya. 2006. *Rhizobium*- mediated induction of phenolics and plant growth promotion in rice (*Oryza sativa* L.) Curr. Microbiol. 52:383-389.

Mishra, S., K. Shanker, M.M. Srivastava, S. Srivastava, R. Shrivastav e S. Dass. 1997. Um estudo sobre a absorção de crómio trivalente e hexavalente pelo arroz (*Oryza sativa*): possíveis modificações químicas na rizosfera. Agric. Ecosys. Environ. 62:53-8.

Mistry, K., C. Desai e K. Patel. 2009. Redução do crómio (VI) pela estirpe bacteriana KK15 isolada de solo contaminado. J. Cell Tissue Res. 9:1821-1826.

Mohamed, A.E., M.N. Rashed e A. Mofty. 2003. Avaliação de elementos essenciais e tóxicos em alguns tipos de vegetais. Ecotoxicol. Environ. Saf. 55:251-260

Mohanpuria, P., N.K. Rana,. S.K. Yadav. 2007. Influência do stress oxidativo induzido pelo cádmio nos genes metabólicos da glutationa de *Camellia sinensis* (L.) O. Kuntze. Environ. Toxicol. 22:368-374.

Moodie, C.D., H.W. Smith e R.A. McCreery. 1959. Laboratory manual for soil fertility. Departamento de Agronomia, State College of Washington Pullman, Washington, EUA. P. 1-75.

Morales, D.K., W. Ocampo e M.M. Zambrano. 2007. Remoção eficiente de crómio hexavalente por um Streptomyces sp. tolerante afetado pelo efeito tóxico da exposição ao metal. J. Appl. Microbiol. 103:2704-2712.

Narain, S., C.S.P. Ojha, S.K. Mishra, U.C. Chaube e P.K. Sharma. 2011. Remoção de cádmio e crómio por plantas aquáticas. Int. J. Environ. Sci. 1:1297-1304.

Nelson, L.M. 2004. Rizobactérias promotoras do crescimento das plantas (PGPR): Perspectivas para novos inoculantes. Online. Crop Manage. doi:10.1094/CM-2004-0301-05-RV.

Nichols, P.B., D.J. Couch e S.H. Al-Hamdani. 2000. Respostas fisiológicas selecionadas de

Salvia minima a diferentes concentrações de crómio. Aquat. Bot. **68**: 313-319.

Nriagu, J.O. 1988. Produção e utilização do crómio. Chromium in natural and human environment. Nova Iorque, EUA7, John Wiley and Sons. p. 81- 105.

Panad, S.K. 2003. A fitotoxicidade de metais pesados induz stress oxidativo em *Taxithelium sp.* Curr. Sci. 84:631-633.

Panda, S.K. 2007. Chromium-mediated oxidative stress and ultrastructural changes in root cells of developing rice seedlings. J. Plant Physiol. 164: 1419-1428.

Panda, S.K. e H.K. Patra. 2000. Efeito dos iões nitrato e amónio na toxicidade do crómio em plântulas de trigo em desenvolvimento. P. Natl. Acad. Sci. Ind. Bull. 70:75- 80.

Panda, S.K. e S. Chaudhary. 2005. Stress de crómio em plantas. Braz. J. Plant Physiol. 17: 95-102, 2005.

Pandey, S.K. e S.K. Pandey. 2008. Germinação e crescimento de plântulas de ervilha forrageira *Pisum sativum* Malviya Matar-15 (HUDP-15) e *Pusa Prabhat* (DDR-23) sob diferentes níveis de cobre e crómio. J. Am. Sci. 4:28-40.

Parr, P.D. e J.F.G. Taylor. 1982. Efeitos de germinação e crescimento do crómio hexavalente em Orocol TL (um inibidor de corrosão) em *Phaseolus vulgaris*. Environ. Int. 7:197-202.

Parveen, S. e B. Arjun. 2011. Bioacumulação de crómio por macrófitas aquáticas *Hydrilla sp.* & *Chara sp.* Adv. Appl. Sci. Res. 2:214-220.

Passariello, B., V. Giuliano, S. Quaresima, M. Barbaro, S. Caroli, G. Forte, G. Garelli e I. Iavicoli. 2002. Avaliação da contaminação ambiental num sítio mineiro abandonado. Microchem. J. 73:245-250.

Pattanapipitpaisal, P., N.L. Brown e L.E. Macaskie. 2001. Redução de cromato e identificação de 16SrRNA de bactérias isoladas de um local contaminado com Cr(VI). Appl. Microbiol. Biotechnol. 57:257-261.

Pena, H.B. e I. Reyes. 2007. Bactérias fixadoras de nitrogênio e solubilizadores de fosfato isolados em alface (*Lactuca sativa* L.) e avaliados como promotores de crescimento de plantas. Interscienсia. 32:560-565.

Peralta, J.R., G.J.L. Torresdey, K.J. Tiemann, E. Gomez, S. Arteaga e E. Rascon. 2001. Absorção e efeitos de cinco metais pesados na germinação de sementes e crescimento de plantas em alfafa (*Medicago sativa*) L. Bull. Environ. Contam. Toxicol. 66:727- 34.

Peterson, P.J. 1975. Acumulação de elementos pelas plantas e sua tolerância a solos minerais tóxicos. *In*:International Conference on Heavy Metals in the Environment. vol. ii, (Ed. por T. C. Hutchinson), pp.39-54. Universidade de Toronto, Canadá.

Polti, M.A., M.J. Amoroso e C.M. Abate. 2007. Resistência e remoção de cromo(VI) por cepas de actinomicetos isoladas de sedimentos. Chemosphere. 67:660-667.

Prasad, M.N.V. 1998. Complexos metal-biomolecula em plantas: ocorrência, funções e aplicações. Analusis. 26:26-28.

Prasad, M.N.V., M. Greger e T. Landberg. 2001. *A* casca de *Acacia nilotica* L. remove elementos tóxicos da solução: corroboração do bioensaio de toxicidade utilizando *Salix viminalis* L. em sistema hidropónico. Int. J. Phytoremed. 3:289- 300.

Qadir, M., A. Ghafoor, S.I. Hussain, G. Murtaza e T. Mahmood, 1998. Contaminação por iões metálicos em vegetais e solos irrigados com efluentes urbanos. pp. 89-92. In Proc. Poluição Ambiental: 3º Simpósio Nacional. Tendências Modernas em Química Contemporânea. 24-26 de fevereiro de 1997. Islamabad.

Rajkumar, M., R. Nagendran, K.J. Lee, W.H. Lee e S.Z. Kim. 2006. Influência das bactérias promotoras do crescimento das plantas e do Cr^{6+} no crescimento da mostarda indiana. Chemosphere. 62:741-748

Reddy, A.M., S.G. Kumar, G. Jyonthsnakumari, S. Thimmanaik e C. Sudhakar. 2005. Alterações induzidas pelo chumbo no metabolismo antioxidante do cavalo-grama (Macrotyloma uniflorum (Lam.) Verdc.) e do bengalgrama (Cicer arietinum L.). Chemosphere. 60:97104.

Romanenko, V.I. e V.N. Korenkov. 1977. Uma cultura pura de bactérias que utilizam cromatos e bicromatos como aceptores de hidrogénio no crescimento em condições anaeróbias. Mikrobiol. 46:414-417

Rout, G.R., S. Samantaray e P. Das. 1997. Differential chromium tolerance among eight mungbean cultivars grown in nutrient culture. J. Plant Nutr. 20:473- 83.

Rout, G.R., S. Sanghamitra e P. Das. 2000. Effects of chromium and nickel on germination and growth in tolerant and non-tolerant populations of *Echinochloa colona* (L). Chemosphere. 40:855-9.

Salt, D.E., M. Blaylock, P.B.A.N. Kumar, V. Dushenkov, B.D. Ensley, I. Chet e I. Raskin. 1995. Phytoremediation: A novel strategy for the removal of toxic metals from the environment using plants. Biotechnol. 13:468-474.

Salt, D.E., R.D. Smith e I. Raskin. 1998. Phytoremediation. Annu. Rev. Plant Physiol. Plant Mol. Biol. 49:643-668.

Salunkhe, P.B., P.K. Dhakephalkar e K.M. Paknikar. 1998. Bioremediação do crómio hexavalente em microcosmos de solo. Biotechnol. Lett. 20:749-751.

Sampanpanish, P., S. Khaodhiar, W. Pongsapich, e E. Khan. 2007. Alternativa para a remoção do crómio: Fitorremediação e biossorção com espécies de plantas daninhas na Tailândia. J. Sci. Asia. 33:353-362.

Schmfger, M.E.V. 2001. Fitoquelatinas: Complexação de Metais e Metalóides, Estudos sobre a Fitoquelatina Sintase. Tese de doutoramento, Universidade de Tecnologia de Munique (TUM), Munique, Alemanha.

Schnoor, J.L., L.A. Licht, S.C. McCutcheon, N.L. Wolfe, e L.H. Carreira. 1995. Fitorremediação de contaminantes orgânicos e nutrientes. Env. Sci. Tech. 29:318A- 323A.

Schwartz, C., E. Gerard, K. Perronnet e J.L. Morel. 2001. Medição da fitoextracção in situ de zinco por metalófitas espontâneas que crescem num antigo local de fundição. Sci. Tot. Environ. 279:215-221.

Scoccianti, V., R. Crinelli, B. Tirillini, V. Mancinelli e A. Speranza. 2006. Absorção e toxicidade de Cr(III) em plântulas de aipo. Chemosphere. 64:1695-1703.

Shanker, A.K. 2003. Aspectos fisiológicos, bioquímicos e moleculares da toxicidade e tolerância ao crómio em culturas e espécies arbóreas selecionadas. Tese de doutoramento, Universidade Agrícola de Tamil Nadu, Coimbatore, Índia.

Shanker, A.K. e G. Pathmanabhan. 2004. Resposta antioxidante dependente da especiação em raízes e folhas de sorgo (*Sorghum bicolor* (L) Moench cv CO 27) sob stress de Cr(III) e Cr(VI). Plant Soil. 265:141-151.

Shanker, A.K., C. Cervantes, H. Loza-Tavera, S. Avudainayagam. 2005. Chromium toxicity in plants. Environ. Int. 31:739- 753

Shanker, A.K., M. Djanaguiraman, B. Venkateswarlu. 2009. Interações do crómio nas plantas: estado atual e estratégias futuras. Metallomics. 1:375-383.

Shanker, A.K., M. Djanaguiraman, R. Sudhagar, C.N. Chandrashekar e G. Pathmanabhan. 2004. Differential antioxidative response of ascorbate glutathione pathway enzymes and metabolites to chromium speciation stress in green gram (*Vigna radiata* (L.) R.Wilczek, cv CO4) roots. Plant Sci. 166:1035-1043.

Shanker, A.K., R. Sudhagar e G. Pathmanabhan. 2003. Growth, Phytochelatin SH and antioxidative response of Sunflower as affected by chromium speciation. 2º Congresso Internacional de Fisiologia Vegetal sobre a produtividade sustentável das plantas num ambiente em mudança, Nova Deli, Índia.

Shanker, A.K., V. Ravichandran1 e G. Pathmanabhan. 2005. Fitoacumulação de crómio por algumas plântulas de árvores polivalentes. Agroforest. Syst. 64:83-87

Sharma, D.C. e C.P. Sharma. 1993. Absorção de crómio e seus efeitos no crescimento e rendimento biológico do trigo. Cereal Res. Commun. **21**:317-21.

Sharma, D.C. e C.P. Sharma. 1996. Captação de crómio e efeitos de toxicidade no crescimento e nas actividades metabólicas do trigo; *Triticum aestivum* CVUP2003. Ind. J. Exp. Biol. 34:689-691.

Sharma, D.C. e S.C. Mehrotra. 1993. Efeitos da toxicidade do crómio no trigo (*Triticum aestivum* L cv HD 2204). Ind. J. Environ. Health. 35:330-332.

Sharma, D.C., C. Chatterjee e C.P. Sharma. 1995. Acumulação de crómio e seus efeitos no metabolismo do trigo *(Triticum aestivum* L. cv. HD 2204). Plant Sci. 111:145-151.

Sharma, P. e R.S. Dubey. 2005. Toxicidade do chumbo em plantas. Braz. J. Plant Physiol. 17:35-52.

Shi, W., M. Bischoff, R. Turco e A. Konopka. 2002. Long-term effects of chromium and lead upon the activity of soil microbial communities. J. Appl. Soil Ecol. 21:169-177.

Siciliano, S.D. e J.J. Germida. 1998. Mecanismos de fitorremediação: Interações bioquímicas e ecológicas entre plantas e bactérias. Env. Rev. 6:65-79.

Singh, A.K. 2001. Effect of trivalent and hexavalent chromium on spinach (*Spinacea oleracea* L). Environ. Ecol. 19:807-10.

SOE. 2001. Desastres ambientais, parte II. State of the Environment-South Asia Disponível em http://www.rrcap.unep.org/pub/soe/sa_part2_2.pdf

Steel, R.G.D., J.H. Torrie e D.A. Dicky. 1997. Principles and Procedures of Statistics- A Biometrical Approach, 3rd Ed. McGraw Hill Book International Co., Singapura.

Subrahmanyam, D. 2008. Efeitos da toxicidade do crómio nas caraterísticas fotossintéticas das folhas e alterações oxidativas no trigo (*Triticum aestivum* L.). Photosynthetica. 46:339-345.

Sun, J.M., S.Y. Chang, R. Li e J.C. Huang. 2007. Factores que afectam a co-remoção de crómio através da precipitação de cobre. Sep. Purif. Technol. 56:57-62.

Tang, S.R., B.M. Wilke, R.R. Brooks e S.R. Tang. 2001. Absorção de metais pesados por *Elsholtzia haichowensis* e *Commelina communis* tolerantes ao metal da China. Commun. Soil Sci. Plant Anal.32:895- 905.

Terry, N. 1981. Uma análise da resposta de crescimento de *Beta vulgaris* L. a oligoelementos ftotóxicos. II. Crómio. Relatório final para a Fundação Kearney de Ciência do Solo. julho de 1975 - junho de 1980.

Terry, N. e G. Banuelos. 2000. Phytoremediation of contaminated soil and water. Lewis Publishers, Nova Iorque. p.389.

Tobin, J.M. e J.C. Roux. 1998. Biossorvente *de Mucor* para remoção de crómio de efluentes de curtumes. Water Res. 32:1407-1416.

Tripathi, A.K. e S. Tripathi. 1999. Alterações em alguns caracteres fisiológicos e bioquímicos em *Albizia lebbek* como bio-indicadores de toxicidade de metais pesados. J. Environ. Biol. 20:93-8.

Laboratório de Salinidade dos EUA. Staff. 1954. Diagnosis and improvement of saline and alkali soils (Diagnóstico e melhoramento de solos salinos e alcalinos). USDA Hand Book No. 60. Washington. D.C., EUA.

Vajpayee, P., R.D. Tripathi, U.N. Rai, M.B. Ali e S.N. Singh. 2000. A acumulação de crómio (VI) reduz a biossíntese da clorofila, a atividade da redutase do nitrato e o teor de proteínas em *Nymphaea alba* L. Chemosphere. 41:1075-1082.

Vajpayee, P., S.C. Sharma, R.C. Tripathi, U.N. Rai e M. Yunus. 1999. Bioacumulação de crómio e toxicidade para os pigmentos fotossintéticos, a atividade da redutase do nitrato e o teor proteico da gaertina de *Nelumbo nucifera*. Chemosphere. 39:2159-2169.

Vajpayee, P., U.N. Rai, M.B. Ali, R.D. Tripathi, V. Yadav, S. Sinha e S.N. Singh. 2001. Alterações fisiológicas induzidas pelo crómio em *Vallisneria spiralis* L. e o seu papel na fitorremediação de efluentes de curtumes. Bull. Environ. Contamin. Toxicol. 67:246-256.

Valls, M., S. Atrian, V. de Lorenzo e L.A. Fernandez. 2000. Engenharia de uma metalotioneína de rato na superfície celular de *Ralstonia eutropha* CH34 para imobilização de metais pesados no solo. Nat. Biotechnol. 18:661-665.

Vishnoi, S.R. e P.N. Srivastava. 2008. Phytoremediation - Green for environmental clean. Proc. Taal. 2007: A 12^{ath} conferência mundial sobre lagos. p. 1016-1021

Volesky, B. e Z.R. Holzen. 1995. Biosorção de metais pesados. Biotechnol. Prog. 11:235250.

Wang, P., T. Mori, K. Komori, M. Sasatsu, K. Toda e H. Ohtake. 1989. Isolamento e caraterização de uma estirpe de *Enterobacter cloacae* que reduz o crómio hexavalente em condições anaeróbias. Appl. Environ. Microbiol. 55:1665-1669.

Wang, Y.T. e H. Shen. 1995. Redução bacteriana do crómio hexavalente. J. Ind. Microbiol. 14:159-163.

Ward, N.I. e J.M. Savage. 1994. Dispersão de metais e actividades de transporte utilizando culturas alimentares como biomonitores. J. Sci. Total Environ. 146:309-319.

Wojcik, M. e A. Tukiendorf. 2004. Síntese de fitoquelatina e localização de cádmio no tipo selvagem de *Arabidopsis thaliana*. Plant Growth Regul. 44:71-80.

Wollum II, A.G. 1982. Métodos culturais para microorganismos do solo. p. 718-802. In: Métodos de Análise do Solo: Propriedades Químicas e Microbianas. Segunda Edição. A. L. Page, R.H. Miller e D.R. Keeney (eds.). ASA e SSSA Pub. Madison Wisconsin, EUA.

Woolhouse, H.W. 1983. Toxicidade e tolerância na resposta das plantas aos metais pesados. O.L. Lang, P.S. Nobel, C.B. Osmod e H. Zeiglerreda: Encyclopedia of Plant physiology NS Vol 12 C.Springer Verlag Berlin pp 245-300.

WWF. 2007. Pakistan's waters at risk. Questões relacionadas com a água e a saúde no Paquistão e recomendações fundamentais. World Wide Fund for Nature, disponível em www.wwfpak.org/pdf/water-report.pdf.

Yadav, S.K. 2010. Toxicidade dos metais pesados nas plantas: An overview on the role of glutathione and phytochelatins in heavy metal stress tolerance of plants. S. Afr. J. Bot. 76:167179.

Zayad, A., C.M. Lytle, J.H. Qian e N. Terry. 1998. Acumulação, translocação e especiação química de crómio em culturas hortícolas. Planta. 206:293-299.

Zayed, A.M. e N. Terry. 2003. Crómio no ambiente: factores que afectam a remediação biológica. Plant Soil. 249:139-156.

Zeid, I.M. 2001. Respostas de *Phaseolus vulgaris* a tratamentos com crómio e cobalto. Biol. Plant. 44:111-115.

Zhang, W.H. e S.D. Tyerman. 1999. Inibição de canais de água por HgCl2 em células intactas de raízes de trigo. Plant Physiol. 120:849-857.

Zhou, Z.S., S.Q. Huang, K. Guo, S.K. Mehta, P.C. Zhang e Z.M. Yang. 2007. Adaptações metabólicas ao stress oxidativo induzido pelo mercúrio em raízes de *Medicago sativa* L. J. Inorg. Biochem.101:1-9.

Zhuang, X., J. Chen, H. Shim e Z. Bai. 2007. Novos avanços em rizobactérias promotoras do crescimento de plantas para bioremediação. J. Environ. Int. 33:406-413.

Zurayk, R., B. Sukkariyah e R. Baalbaki. 2001. Hidrófitas comuns como bioindicadores de poluição por níquel, crómio e cádmio. Water Air Soil Pollut. 127:373-388.

MIX
Papier aus verantwortungsvollen Quellen
Paper from responsible sources
FSC® C105338

Printed by Books on Demand GmbH, Norderstedt / Germany